U0353388

教育部人文社科基金《中国农村博物馆研究》（15YJA870018）项目

| 光明社科文库 |

原乡·文脉·老家

《中国农村博物馆研究》课题组◎著

光明日报出版社

图书在版编目（CIP）数据

原乡·文脉·老家 /《中国农村博物馆研究》课题组著 .-- 北京：光明日报出版社，2019.9

（光明社科文库）

ISBN 978-7-5194-4937-7

Ⅰ.①原… Ⅱ.①中… Ⅲ.①农业—文化遗产—保护—研究—中国 Ⅳ.① S

中国版本图书馆 CIP 数据核字（2019）第 224813 号

原乡·文脉·老家
YUANXIANG · WENMAI · LAOJIA

著　　者：《中国农村博物馆研究》课题组

特约编辑：万　胜　　　　　　责任编辑：陆希宇
责任校对：赵鸣鸣　　　　　　封面设计：中联学林
责任印制：曹　净

出版发行：光明日报出版社
地　　址：北京市西城区永安路 106 号，100050
电　　话：010-63131930（邮购）
传　　真：010-63169890
网　　址：http://book.gmw.cn
E - mail：luxiyu@gmw.cn
法律顾问：北京德恒律师事务所龚柳方律师

印　　刷：三河市华东印刷有限公司
装　　订：三河市华东印刷有限公司
本书如有破损、缺页、装订错误，请与本社联系调换，电话：010-67019571

开　　本：170mm×240mm
字　　数：230 千字　　　　　印　　张：15
版　　次：2020 年 1 月第 1 版　　印　　次：2020 年 1 月第 1 次印刷
书　　号：ISBN 978-7-5194-4937-7

定　　价：85.00 元

前言

一

中国古代称国家为社稷，社即土神，稷即谷神，把管理土地和粮食的神称为国家，说明农业是一个国家的立国之本。中国农业文明是东方农业文明的发源地，也是世界上最古老、最大的农业国之一，历史悠久，物华天宝，人杰地灵，创造、积累了极具特色的中华农耕文明。中国的农业文明，传承到现在已经有几千年的历史演变，农业在中国人的思想里有根深蒂固的情结。农耕经济的持续性造就了中国文化的持续性，传统农业的持续发展保证了中华文明的绵延不断，中国文化正是这样伴随着农耕经济的长期延续而源远流长。

中国自古以来就是一个农业国家，这个概念一直延续到现在。当今中国的基本国策仍认为农业是国家的第一产业，是国民经济的重要基础。作为一个农业大国，"三农"问题直接关系到国民素质、经济发展、社会稳定和国家富强，是全面建设小康社会进程中的关键问题。农业丰则基础强，农民富则国家盛，农村稳则社会安。若从"三农"问题，即农业、农民、农村的角度，去考察和解析博物馆的类型，可以更清晰和透彻地了解和展望中国农业农村的发展历程和趋势。

大农业的学术理念，应包括农村社会、经济、文化和技术各个方面，它们每个领域都蕴涵有深厚的历史篇章和丰富的遗产资源。这些历史文化遗产，可以分为文化、自然、人文景观和口传与非物质等类型，其所呈现的形式，可以分为遗址聚落、物种特产、工程景观、手工技术、文献民俗等，均具有保存、研究、展示和利用的价值，是建设博物馆不可多得的物质条件和资源素材。

2019年国际古迹遗址日（每年的4月18日）的主题是"乡村景观"。国际古迹遗址理事会、国际景观设计师联盟《关于乡村景观遗产的准则》中说：乡村景观指在人与自然之间的相互作用下形成的陆地及水生区域，通过农业、畜牧业、游牧业、渔业、水产业、林业、野生食物采集、狩猎和其他资源开采（如盐），生产食物和其他可再生自然资源。乡村景观属于多功能资源，同时对于生活在这些乡村地区的人和社区还赋予其文化意义："一切乡村地区皆是景观"。乡村景观历经数千年得以形成，代表了人与社会和环境发展演进、生活方式及遗产的重要部分。要重视和提升对乡村景观中存在的物质及非物质遗产特征和价值的认识，尽力保护乡村遗产的完整性和真实性。乡村遗产也是一种经济资源，可对其加以适当利用，为当地长期可持续发展提供重要支撑。社会呼唤相关专门部门和机构能够承担起理解、保护、可持续管理、交流传播乡村景观及其遗产价值的责任。

2017年党的十九大报告指出，农业农村农民问题是关系国计民生的根本性问题，必须始终把解决好"三农"问题作为全党工作的重中之重，实施乡村振兴战略。2018年国家出台并正式实施《乡村振兴战略规划（2018—2022年）》。中国特色社会主义乡村振兴道路怎么走？2017年中央农村工作会议提出了七条"之路"，其中之一是"必须传承发展提升农耕文明，走乡村文化兴盛之路"。在现代化、工业化、城镇化的时代背景下，农业农村文化遗产的保护利用不容忽视，农村博物馆事业的建设发展大有可为，理应成为乡村文化兴盛的重要组成部分。

二

回顾我们对中国农村博物馆这一课题的研究，在博物馆学理论与实践的探讨层面上是有一定创新意义的，其提出"农村博物馆"这个术语观点，在国内博物馆学界尚属首创，因此在研讨之始，有必要对博物馆定义作一澄清，并将其理念加以延伸，以利于界定好"农村博物馆"这一概念。

国际博物馆协会自1946年成立并首次对博物馆进行定义以来的70年间，国际博物馆协会共对博物馆定义进行过7次修订，其屡次修订的初衷是面对全球政治、经济、文化、科技等变化，使博物馆事业更好地适应现实与未来的发展。2007年版《国际博物馆协会章程》所述之博物馆的定义是："一个为社会及其发展服务的、向公众开放的非营利性常设机构，为教育、研究、欣赏的目的征集、保护、研究、传播并展出人类及人类环境的物质及非物质遗产"。此定义高度概括了博物馆的机构性质、终极目的、社会功能和工作对象，只要符合其标准要求的社会机构或组织即可称之为博物馆，而且要做到与时俱进。

那么具体而微所指的博物馆又是什么样子的呢？ 2001年版《国际博物馆协会章程》早已明确："（1）博物馆之上述定义不应受主管机构、地方特征、职能结构或有关机构收藏方针等性质的限制而予以适用。（2）除被指定为"博物馆"的机构外，为本定义之目的，以下具有博物馆资格：a. 从事征集、保护和传播人类及人类环境特征、具有博物馆性质的自然、考古及人种学的古迹与遗址以及历史古迹与遗址；b. 收藏并陈列动物、植物活标本的机构，如植物园、动物园、水族馆和人工生态园；c. 科学中心和天文馆；d. 非营利性艺术馆；e. 自然保护区；f. 本条款定义所指的国际、国家、地区或当地的博物馆组织，负责博物馆的部委、部门或公共机构；g. 从事与博物馆及博物学相关的保护、研究、教育、培训、档案记录和其他活动的非营利机构或组织；h. 从事促进物质或非物质遗产资源（活的遗产及创造性的数字化活动）的保护、延续和管理的文化中心及其他实体；i. 执行委员会经征求咨询委员会意见后认为其具有博物馆的部分或全部特征，或通过博物馆学研究、教育或培训，支持博物馆及临时性博物馆专业人员的此类其他机构"。

由上述所列有关"博物馆资格"的类型清单中可以看出，所谓的"博物馆"并不是专指人们习惯思维所想像的局限于房屋建筑内以用橱柜等传统表现手法展示藏品的那般模样，当今世界社会发展正处在向现代化、工业化、信息化和城镇化演进的崭新时代，诸如自然生态保护区、农业文化遗产、历史文化村镇、传统古村落、美丽乡村、中国名村、农业主题公园，及其大批与农村相关的非物质文化遗产等，都需要运用与博物馆"部分或全部特征"相符的思路去进行有效的抢救、保护和利用，以满足广大人民群众日益增长的享受精神文明、提升文化素养的迫切需求。

三

作为高等学校的在职在学人员应积极主动承担教育部的人文社科研究项目，其课题的展开与操作无疑要契合大学职能之本色而行，即应该做到科研与教学相结合，老师与学生相合作。课题负责人老师凭籍多年积蓄专业素养，站立于学术的前沿，谋篇布局，并挑选了具有一定学识基础和各层次的专业学生人才组成课题研究团队，指导他们分工投入到各自所分配承担的课题子项目中去，经一番督促、讨论和检查，最后围绕科研主题整合完成研究项目。

要做好课题研究，调研是科研的学术基础，只有调研做得扎实，科研的成果才会真实可信，才会更富有创新性。我们的调研分为三个方面：（一）搜寻海内外的网络资源，力争科研内涵站立在国内学术前沿，理论上有一定的创新性，对社会发展的现实有一定的前瞻性，并十分注意借鉴国际博物馆协会的理论和国外发达国家同类实务的过往经验；（二）分批分组遣派十数人次前往江苏、安徽、山东和上海等数十个地方的"农村博物馆"点，进行了实地调查和考察，取得了第一手资料，从而加深了对农村博物馆的感性认识；（三）主动联系拜访与农村博物馆相关的政府部门机构和团体组织（如省市县区的文化文物局、农业农村局、城乡规划建设委员会及文物博物馆学会等），获取与农村社会发展和文化遗产，以及博物馆事业有关的资源数据和发展计划，使之能够处于较为广阔和客观的站位上，对今后农村博物馆事业的建设发展提出较为切实可行的愿景。

本课题组的成员均由南京师范大学文物与博物馆学系的考古学博士生、文物与博物馆学专业硕士生和文物与博物馆学本科生等共近十人组成。他们都关爱新农村建设和文化遗产保护，热心于对博物馆学的专业学习，掌握了较为扎实的专业理论知识与实践方法，具备了善于发现问题、分析问题和解决问题的学研能力。他们针对研究主旨，通力分工协作，认真调研查访，尽力搜寻资料，师生间相互沟通研讨，取得了卓有成效的研究成绩。

本书是《中国农村博物馆》课题组——这一由南京师范大学文博系师生组合的科研团队，在经过一系列脚踏实地的辛勤工作后，所取得的学术成果的汇集与检阅：

季晨撰写的"第一章 农村博物馆概念的形成与初探",从宏观的视域出发解析了中国农村博物馆产生的时代背景,阐述了发展中国农村博物馆的必然性,首次提出了农村博物馆的定义及特征,介绍了国内外既有同类博物馆的案例经验,同时通过对苏南农村博物馆现状的调查分析,概括总结出当前苏南地区农村博物馆的创建发展的三种模式。

刘建红撰写的"第二章'中国重要农业文化遗产'的保护利用",将六十二项中国"重要农业文化遗产"作为研究对象,按其分布地区、业态类别和它在"全球重要农业文化遗产"的地位进行分类,通过分析这些遗产的价值特点以及保护现状,对其保护与利用提出可行性的建议。尤其是创新性地将博物馆学的理念引用到重要农业文化遗产的保护与利用中去,认为每一项重要农业文化遗产都可视为一座露天的田园空间博物馆,田间的农作物是其天然"藏品",多种多样的农业文化遗产的呈现形式是其独一无二的展陈形式,而在田间劳作的农民则是这座露天博物馆的最佳保管人员。

孙建平撰写的"第三章 见证农村社会变化发展的'中国名村'",概述了中国农村社会发展经历过曲折而漫长的历程,尤其改革开放以来,中国农村的发展发生翻天覆地的变化,越来越多的村社,实现了经济发达、生活富裕,而进入"中国名村"的行列。名村的发展见证着农村社会变迁过程,而借助于记忆的殿堂——博物馆能更好地让人铭记。经过调查,在现有100个中国名村中有32个名村建立了66家博物馆。这些博物馆都有一定规模和特色,但也存在诸多的不足。随着时代的发展,中国名村建设博物馆的发展前景将呈现良好的趋势,在发展策略、数量规模、区域分布、发展理念、所占地位等方面都会有大的改善和大的提高。

史可撰写的"第四章 江苏国家及传统村落保护研究",传统村落伴随着农耕文明而存在并延续,是传统文化的主要产生地和传承地,其所承载的内涵有诸如古村落选址布局,古建民居,乡规里约,民风礼俗等一系列物质与非物质文化,恰似是一座座原状的、露天的、动态的村社博物馆,具有很高的历史文物价值。随着工业化、城镇化进程的加速,传统村落衰落、消失的现象日益加剧,保护利用好现有的传统村落显得尤为重要。本章以分布在江苏省地域内的28个国家级传统村落作为研究样本,进行相关资料的搜集整理，对江苏传统村落的基本情况作了介绍。同时实地调查了南京杨柳村、无锡礼社村和苏州陆巷村、杨湾村四个传统村落，以此为典型案例，结合相关调查内容和知识，从多角度分析江苏传统村落目前之现状，以及保护过程中尚存在的问题，进而提出了多样式的保护方式和具体措施，以期对江苏传统村落的保护有所益处。

马延飞、王加点、王钰、刘敏捷、祁煜晗五位本科同学撰写的"第五章 新农村建设中的文化情结"，因获知浙江省东阳市南马镇花园村建有中国农村博物馆、花园村建设成就陈列馆、民俗博物馆和红木家具原材博物馆等信息，以此为线索选择东阳花园村为新农村文化建设的示范典型进行深度访谈调查，梳理出花园村文化发展历程，并揭示出花园村文化在发展过程中蕴含的五个科学理念与文化情结，即政府引导民众自办的创新型"花园"文化、生态与科技并举的绿色文化、注重兼收并蓄的"拿来"文化、致力协调引导的南山文化、旨在雅俗共享的场馆文化。花园村用它逐渐体系化的文化建设实现了文化与经济的正向促进，助推了和谐花园的建设，为其他村社在新农村建设中实践"文化自信"提供有益的借鉴和参考。

南京师范大学2018级文物与博物馆学专业硕士研究生熊洁、虞挺，协助参与了本书的编排整理工作。

（前言作者：南京师范大学文博系教授、博士生导师、本课题项目负责人周裕兴。）

目 录
CONTENTS

第一章 农村博物馆概念的形成与初探

中国博物馆事业经过百年发展历程，既受到国际博物馆理论与实践的影响，也呈现出地域发展的特点。当前我国博物馆建设方兴未艾，在广袤的农村地区涌现出多种多样的博物馆建设实践。为了更好地研究农村地区已建博物馆的发展情况，探索今后农村地区博物馆发展的方向，有必要将这些博物馆看作一个单独的类别加以研究。因此，首先需要明确农村博物馆的概念。

第一节 农村博物馆概念形成的背景

农村博物馆概念的形成有多方面的背景因素。博物馆发展的趋势告诉我们，博物馆的内涵和外延[①]、博物馆的受众群体和博物馆覆盖的地域都在不断扩展。在中国，囿于农村遗产保护的需求、中国博物馆事业发展的趋势和中国农村社会发展的需要，建设农村博物馆是大势所趋。

一、农村文化遗产保护的需求

中国是一个农业文明大国，大量物质的、非物质的文化遗产以最本真的方式保留在农村。中国的城市化水平从1980年的19%上升到2010年的47%，可以说是人类文明有史以来最大规模、最快速的城镇化。在全球化、城市化

---

① 单霁翔. 关于博物馆的社会职能 [J]. 中国文化遗产，2011（1）：8-25.

背景下，曾以农业为主体的中国正面临着传统文化缺失的困境。同为亚洲近邻的韩国发起的"新乡运动"以及日本发起的"造乡运动"，也许正是这种情态的反映。中国作为传统农业文明大国，一些地区正重蹈覆辙，传统村落快速湮灭，散落在农村地域上数量众多的珍贵文化遗产也在不断消失。因此，中共中央十七届三中全会要求加强农村文物、非物质文化遗产和历史文化名镇名村的保护，这是繁荣发展农村文化、建设社会主义新农村的重要方面，也是贯彻落实科学发展观和构建社会主义和谐社会的必然要求。①

各类博物馆的建设正是20世纪80年代后期在中国兴起的遗产保护运动的重要组成部分。博物馆并不是历史碎片的收藏室，而是衔接过去与未来的桥梁，是保护中华文脉之"根"的重要机构。保护和可持续利用农村文化遗产是博物馆界应当承担的社会职责。

（一）遗产概念的扩展

人类对遗产的认识经历了一个逐渐深入的过程，这一过程在过去半个世纪中不断加快。对遗产认识的国际趋势是：遗产概念变得更加宽泛、综合与理性。②20世纪70年代以来，遗产概念无论是广度还是深度上，都被赋予了新的内容。具体来说：一是文化遗产成为一种相互联系的文化遗产群体；二是新增了许多非艺术创造的遗产；三是文化遗产与自然环境之间的紧密联系得到认可；四是认识到文化遗产与特定环境的关联性；五是无形文化遗产或非物质文化遗产受到重视。人们对文化遗产的认识更全面、深入，对文化遗产的价值认识更加神圣。③

联合国教科文组织于1988年通过了《人类口头及非物质遗产代表作条例》，2003年通过了《保护非物质文化遗产公约》，非物质文化遗产保护成为国际文化界关注的焦点。次年，国际博物馆协会将博物馆的定义修改为："博物馆是为社会和社会发展服务的非营利常设机构，对公众开放，为研究、教育和欣赏的目的，收藏、保护、研究、传播和陈列关于人类及人类环境的物

---

① 中共中央关于推进农村改革发展若干重大问题的决定 [N]. 人民日报，2008-10-20：（1）.

② 王衍亮，安来顺. 国际化背景下农业文化遗产的认识和保护问题 [J]. 中国博物馆，2006（3）：29-36.

③ 朱凤瀚，安来顺. 新理念下的博物馆文化遗产保护 [J]. 中国博物馆，2004（4）：8-12.

质或非物质证据。"2004 年修改的博物馆定义紧跟联合国教科文组织的《保护非物质文化遗产公约》,首次在定义中将人类和人类环境的见证物区分为"物质"与"非物质",突出将非物质文化遗产纳入博物馆工作对象的范畴中。

2002 年,联合国粮农组织(FAO)、联合国教科文组织(UNESCO)、联合国开发计划署(UNDP)、全球环境基金(GEF)等国际组织发起了"全球重要农业文化遗产"保护行动。"全球重要农业文化遗产"是世界文化遗产的重要组成部分,联合国粮农组织将其定义为:"农村与其所处环境长期协同进化和动态适应下所形成的独特的土地利用系统和农业景观,这种系统与景观具有丰富的生物多样性,而且可以满足当地社会经济与文化发展的需要,有利于促进区域可持续发展。"①

自 20 世纪 80 年代以来,由于文化人类学界对人与环境相互关系的持续关注,文化景观作为独立的遗产门类于 1992 年被收入《世界遗产名录》中,这一举措兼顾了《保护世界文化和自然遗产公约》中的文化遗产与自然遗产。文化景观迅速成为遗产保护和利用的新热点,而在各类文化景观中,反映地域特色的乡村文化景观占有相当大的数量,而这一文化景观正在面临破坏与消逝。

由于遗产概念的扩展,农村地区博物馆需要保护的对象不仅仅局限于文物古迹,而是扩展为包含各类遗产和所处自然环境的整体。

(二)消亡中的农村文化遗产

数千年农耕社会的历史中,农村留存了大量中华民族的文化遗产。农村中既有各类传统建筑、农业景观、传统农具等物质文化遗产,又有农歌农谣、民风民俗、农业生产、娱神农俗等非物质文化遗产。当下,由于现代文明对传统文化的冲击,对农村传统文化的认同感缺乏、保护机制缺乏,保护手段单一等多方面原因,农村文化遗产正面临消亡的危机。

1. 物质文化遗产保护

在有形文化遗产保护方面,农村的可移动物质文化遗产和不可移动物质文化遗产保护都不容乐观。

2015 年 3 月匈牙利自然科学博物馆展出一尊千年佛像,该佛像据称由一

---

① 陈国宁. 博物馆与社区的对话——台湾"地方文化馆计划"实施的研究分析 [J]. 中国博物馆,2008(3):46–52.

名荷兰收藏家于1996年通过合法途径购得，在我国引起强烈轰动①。这尊佛像与福建省三明市大田县吴山乡阳春村被盗的"章公六全祖师"宝像极其相似。经过多方查证，初步确认展出佛像正是1995年底被盗的那座。梅州市百年客家围龙屋内的窗雕、屏风，两湖一带农户门口的石墩、石鼓等都时常被盗。在农村地区村民文物知识相当缺乏，可移动文物被损被盗频发，文物保护意识薄弱。

不仅是可移动物质文化遗产，散落在农村地域的不可移动物质文化遗产也正遭受着毁灭性的破坏。2013年4月4日，影星成龙连发4条微博，声称要将自己20年前购藏的4栋徽派古建筑捐赠给新加坡科技设计大学②。微博一出，顿时引发争议。成龙一下买走数量众多的古民居，显现地方文保单位缺乏保护意识。更让人介怀的是，数十年来我国古建筑不断流失，我们又该如何保护。2015年6月，多家媒体报道了位于榆林靖边县的全国重点文物保护单位——渠树壕汉代墓群盗洞遍布的情况。这些盗洞深者可以直接看到墓室，至7月底才基本回填完毕。这里多次曝光了盗墓事件，甚至出现过用挖掘机盗墓的闹剧。全国重点文物保护单位尚且遭受如此恶劣的破坏事件，农村地区其他文物古迹的保护情况难免令人堪忧。

1999年，国际古迹遗址理事会第12次大会在墨西哥通过了《乡土建筑遗产宪章》，这是关于农村文化遗产保护的重要文献，《宪章》提到：要通过维持和保存有典型特征的建筑群和村落来实现乡土性的保护，包括物质景观和文化景观的联系以及建筑和建筑间的关系。不仅有重要价值的村落、街道需要保护，与之伴生的村民以及他们生产生活的民俗文化都需要被保护。

2. 非物质文化遗产保护

非物质文化遗产从历史上来看，形成于农业社会，属于农业文明的伴生物。进入工业社会后，农业文化逐渐被工业文化取代，这是社会发展的趋势。城市化和工业化的速度越来越快，与此同时农业文化也飞快地消失。因此，农村非物质文化遗产的保护带有抢救性质，实已迫在眉睫③。

---

① 潮白."肉身坐佛"为农村文物保护敲响警钟 [N]. 南方日报，2015-03-24（F02）.

② 叶琦. 徽派古建为何流向海外 [N]. 人民日报，2013-4-12（4）.

③ 苏东海. 城市、城市文化遗产及城市博物馆关系的研究 [J]. 中国博物馆，2007（3）：3-7.

农村民俗文化是指在农村区域内的人群在生活实践中创造的、在农村广泛流传的文化形式，是非物质文化遗产的重要组成部分。中国多民族杂居的历史使我国农村民俗文化形成了多元化的特点，产生了独特而丰富的民俗文化遗产。其形式多样，有清明祭祖、求雨祈福、丰收庆典等仪式，也有舞龙、赛舟、唱戏等娱乐活动，还有刺绣、剪纸、木刻、石雕等民间手工艺[①]。民俗文化代代相传，其形成与农村、农民、农业密不可分，也成为农村生活中不可或缺的组成部分。随着社会现代化、全球化和农村城镇化步伐的加快，农村民俗文化遗产面临不断被蚕食、日渐消亡的局面。

3. 农业文化遗产保护

中国无疑是农业文化遗产大国，截至2014年年底，全世界有31个项目获得"全球重要农业文化遗产"。其中，中国占11个之多，位居全球首位。[②] 我国农业部于2012年开始，正式启动"中国重要农业文化遗产"的发掘与保护，截至2015年年底已有62项农业文化遗产入选。

2009年6月13日，我国第四个文化遗产日当天，在我国首个全球重要农业文化遗产保护试点地浙江省青田县召开了"农业文化遗产保护与乡村博物馆建设研讨会"，探讨遗产地利用博物馆保护农业文化遗产的发展模式，并推动青田稻鱼文化博物馆的建设。[③] 至2017年年底，全国62个中国重要农业文化遗产地只有19处建有博物馆，剩余43处仍未建或正在筹建当中，保护农业文化遗产还需要博物馆界做出更多贡献。

我国城镇化水平从20世纪80年代的约20%上升到2014年的54.77%，如此快速的城镇化速度在人类文明史上是非常少见的。[④] 在从农业向工业化转型的过程中，大规模工业征地和工业污染使得原有农村文化景观遭受严重破坏。

乡村在中国几千年的农业社会中滋养着整个社会，是中国社会发展的根

---

① 罗江华.农村民俗文化的生存危机与保护策略 [J].重庆教育学院学报，2007（2）：25–27，90.

② 李文华，孙庆忠.全球重要农业文化遗产：国际视野与中国实践——李文华院士访谈录 [J].中国农业大学学报（社会科学版），2015，32（1）：5–18.

③ 闵庆文，何露，孙业红.博物馆建设是农业文化遗产保护的重要内容——"农业文化遗产保护与乡村博物馆建设研讨会"纪要 [J].古今农业，2009（4）：114–116.

④ 康自强，朱滔.农村就地城镇化过程中对民俗文物建筑的保护 [J].中华建设，2015（10）：112–113.

基。这里保留了传统文化的基因，乡间田野中，人们的衣食住行都反映着一方的风气和教化，流露出深厚文化底蕴。在村民独特的生产生活方式上，也能看到先民与自然和谐相处的智慧。在当前快速城市化过程中，乡村的人力、物力大量涌入城市，使乡村迅速衰落。乡村文化景观破坏主要表现为以下几个方面：一是乡村原住人口快速撤离带来的"空心化"使得村落文化景观逐渐消失；二是乡村旅游中景观的同质化以及被破坏的情况显著增多；三是因为城镇化造成的乡村文化景观破坏。保护村落文化景观就是保存社会文化的根基，保持地域文化的多样性。①

农村博物馆是保存和发扬中国农村文化最理想的形式。农村物质文化遗产和非物质文化遗产，包括农业文化遗产的保护工作都需要投入更多力量。当前阶段，基层文化遗产保护多依赖于区县一级及以上的博物馆和其他文管机构，对农村地区的文化遗产保护鞭长莫及。因此，农村文化遗产的保护要求在最前线，加速建设一批农村自己的博物馆。

二、中国博物馆事业发展的趋势

博物馆是重要的公益文化机构，它的数量、质量、分布和功能的发挥关系到国家、民族的思想道德素质、创新意识和科学文化水平，是一个国家文化软实力的体现。在全球范围内，尤其是西方博物馆事业发达的国家，博物馆在民众的生活学习中扮演着重要的角色，博物馆事业受到人们高度重视。而在我国，存在人均拥有博物馆数量少、博物馆年参观人次少和博物馆地域分布不均的情况，农村博物馆建设滞后是主要原因。

（一）我国人均拥有博物馆数量较少

2011年，国家文物局发布的《国家文物博物馆事业发展"十二五"规划》中提出到"十二五"末，全国博物馆总数达到3500个的目标。2015年国际博物馆日主会场上，时任文化部副部长、国家文物局局长励小捷做开幕致辞时介绍道：根据国家文物局年度博物馆年鉴备案情况，全国博物馆总数在2014年底达到了4510家，远远超过"十二五"规划预计的3500个博物馆。2013年，

---

① 杨樾.乡村博物馆：为时代留住乡愁 [N].中国社会科学报，2016-06-03（7）.

国家文物局印发的《2020年文物事业发展目标体系》提出：博物馆公共文化服务人群覆盖率从40万人拥有一个博物馆发展到25万人拥有一个博物馆。在人均拥有博物馆数的指标上，按2014年末公开统计数字中的13.68亿人计算，已达30.3万人拥有一个博物馆。[①] 对比发达国家，日本有5500余个博物馆，约2.3万人拥有一个博物馆。美国有1.7万多个博物馆（其中符合登记标准的有8000多个），约1.8万人拥有一个博物馆。不可否认，我国博物馆仍以较快的速度增长，但我国人均拥有博物馆数量还有较大增长空间。

（二）我国博物馆年参观人次较少

在美国，每天约有2300万不同收入与不同教育层次的美国人参观各类博物馆，累计年参观博物馆总人次约8.65亿。约三分之一的美国人表示他们在过去的半年中参观过一家博物馆。另有调查显示，2008年中国民众关注博物馆展陈信息的只有54.9%，这其中还有一部分人虽然关注过博物馆信息，但是却没有走进博物馆参观。受访人群中有25.4%的观众只去过一次博物馆，在一年内去过五次的观众只占4%。据国家文物局公布数据，在2008年中国博物馆年参观人次约2.5亿，2013年这一数字超过6亿。我国博物馆建设速度和参观人数的增长速度都很快，但我国人口基数较大，每年只有不到总人口数50%的人次参观博物馆。而美国每年有约其总人口数三倍的人次参观博物馆，日本2009年的数据也显示，日本人每年约有三次以上参观博物馆。对比可见，无论是博物馆人均拥有量，还是年参观总人次，我国都还有很大的提升空间。

（三）我国博物馆地域分布不均

我国不仅人均享有的博物馆数量和博物馆年参观人次低于世界发达国家水平，更重要的是地域分布上的不均衡，对比博物馆的观众来源和参观总量不难发现问题所在。美国约有11000多家博物馆中，75%为小博物馆，并且其中45%分布于乡村与郊区。西方国家多采取宽容的态度，放宽了对社区博物馆、乡村博物馆等小型博物馆的要求。因此数量众多的中小型博物馆得以发展壮大，成为西方国家庞大的博物馆群中的重要部分。[②] 反观我国，博物馆

① 李耀申.博物馆也应致力于自身的可持续发展 [N].中国文物报，2015-05-26（3）.

② 胡蔚.博物馆发展的广阔天地——浅谈博物馆下乡与乡镇博物馆建设 [J].博物馆研究，2013（3）：27-32.

密集分布在城市地域，区县一级博物馆数量较少，且对农村地域辐射能力较弱，直接建在农村地域的博物馆更是少之又少。2013年国家统计局统计数据中，该年中国城市化率达到53%，这里也包括一定数量的"镇民"。因此，导致我国人均拥有博物馆数量少和博物馆参观人数少的关键原因在于我国农业人口比重大。大多数农村人口生活居住地远离城市，由于地理空间距离的限制，难有前往参观的机会。

（四）我国农村博物馆建设欠缺

第二次世界大战后，一批摆脱殖民的民族国家走向独立，博物馆作为族群象征与文化建设必备的设施，迎来了一次建设高潮。与此同时，欧美国家则出现了一批新型博物馆，和博物馆向中小城市、边缘地区普及的发展趋势。[1] 至20世纪80年代，小型博物馆已占欧洲博物馆总数的75%之多。日本自20世纪30年代起开始兴起由棚桥源太郎推动的乡土博物馆运动，50—60年代又出现大力发展中小型博物馆的高峰期，苏联在20世纪70年代也出现了社会博物馆运动等。

世界各国博物馆发展的轨迹向我们昭示了一个历史规律，即农村博物馆、社区博物馆这样的中小型博物馆，将成为今后博物馆事业发展的重要力量，也将是承载博物馆公益事业的重要载体。

我国农村地区在博物馆建设上还有很大的空白，也必将是我国未来博物馆事业发展的广阔天地。数百年间，世界博物馆有从最初具有仪式性和神圣性场所到现在集教育、研究、休闲娱乐于一体的公共场所，由皇室、贵族、私人独占发展为面向普通大众开放，从市民专享到全民共享的一般规律，经过百年发展的中国博物馆也必然要从城市居民的所有品发展为国人共享的文化盛宴。当下我国博物馆多建于城市地区，参观博物馆以及接受博物馆教育也都近乎城市市民的专享。

1903年，南通博物苑创办人张謇先生在赴日考察后就向张之洞和清朝学部分别递交《上南皮相国请京师建设帝国博物馆议》《上学部请设博览馆议》，建议在北京建立国家博物馆，然后"可渐推行于各行省，而府而州而县"。张

---

① 曹兵武.博物馆作为文化工具的深化与发展——兼谈社区博物馆与中国传统文化现代化问题[J].中国博物馆，2011（Z1）：46-53.

謇先生早在我国博物馆创办之初就有博物馆建设需逐级推行，惠及全民的思想。因此，加快农村博物馆建设是当下我国博物馆事业自身发展的必经之路。

三、中国农村发展的需要

中国是个农业大国，三农问题始终是我国社会主义事业发展的重大问题。自改革开放以来，我国农村经济和文化水平不断进步，发生了翻天覆地的变化。但与此同时，农村也一直是我国社会经济文化发展的薄弱环节，比如文化教育事业滞后、公共基础设施不足、城镇化带来的负面冲击等。在我国社会主义新农村建设的过程中，建立、建好农村博物馆无疑是解决这些问题的重要措施之一。

（一）协调城乡发展水平的需要

恩格尔系数是衡量一个家庭富裕程度的主要标准之一，根据国家统计局网站统计数据，1978年我国农村居民家庭恩格尔系数为67.7%，到2012年下降至39.3%，30多年来农民收入水平得到极大提升。然而，相较城市而言，我国农村发展仍然处在总体滞后状态，其文化、教育、经济发展依然是短板所在。

1.有利于缩小城乡文化建设差距

随着我国农村物质生活水平的不断进步，农民的精神文化需求也日渐强烈。但相对于经济更为发达的城市地区，农民的文化生活依然落后，甚至出现"富了口袋，穷了脑袋"的社会现象。我国农村地区普遍存在公共文化基础设施不足和文化建设人才匮乏的情况。

农村公共文化基础设施建设是农村文化建设和发展的基础，是开展农村文化娱乐活动和传播科学知识、先进文化的重要阵地[①]。虽然较20个世纪而言，农村地区公共文化基础设施建设已有显著发展，但从整体来讲还是没有能够跟上农民日益增长的精神文明需求。有调查显示，河北省省会和地级市所在地各类（十种）文化设施的平均拥有率为99%，县（市区）为64.7%，农

---

① 邹林，方章东.完善农村公共文化基础设施建设保障机制[J].内蒙古农业大学学报（社会科学版），2011，13（4）：54-56.

村乡镇是36.2%，行政村只有23%①，城乡公共文化设施建设差距可见一斑。在博物馆建设方面，农村更是明显落后于城市。随着经济的发展，农村越来越有能力建设自己的博物馆；随着村民文化需求的提高，农村越来越需要博物馆带来的精神食粮。农村博物馆建设是填补农村文化基础设施建设空缺的重要一环。

推进社会主义新农村建设，人才队伍是关键。目前我国农村地区人才队伍建设却存在着诸多问题。首先，相较城市而言，农村地区工作基础薄弱、福利待遇也相对较差，能够吸引到的人才总量较少、能留下的人才更少；同时，拥有专业对口知识的文化工作人员不足，大部分都是身兼其他工作，文化建设方面只能处理一些简单事务，而非有效开展文化活动；另外，农村地区的文化人才管理也存在缺位现象，大部分农村地区更注重经济发展，在文化人才管理中投入的精力相对较少。

博物馆作为非营利永久性机构，是以教育和文化娱乐为目的，为公众提供知识、欣赏和教育的文化教育机构，也是农村地区需要着力建设的公共文化基础设施之一。农村地区博物馆的建立建好，不只能为当地农民提供一个文化交流的集散地，更是为他们提供了一批拥有专业知识的文博工作者，无论从硬件设施还是"软件"供给来看，都十分有利于提高农村地区人民的文化素养，缩小城乡文化发展差距。

2. 缩小城乡教育水平的需要

虽然我国城镇化进程不断加快，城乡地区的素质教育水平依然存在着较大差距，大部分农村中小学的教学水平仅能满足基本学科需要，与"德智体美全面发展"的义务教育基本要求相去甚远。2015年，全国小学教师大专及以上学历的占比为91.9%，在农村地区这一数据为89.7%，城乡差距为7.6个百分点。全国初中教师中，本科及以上学历教师占比为80.2%，城乡差距为13个百分点。农村地区教育水平的落后不只表现在优质师资不足这一点上，还存在着教学设施陈旧、素质教育不足、农村价值缺失等问题。

根据2015年教育部统计的数据，全国小学生人均设备仪器价值为1044元，农村小学仅相当于城市小学的58.5%。全国初中生人均仪器设备值为

① 邵艳，邓尧. 河北省文化基础设施建设满意度及需求意向调查[J]. 社会科学论坛，2011（12）：227–231.

1746元，农村初中学生仅拥有相当于城市初中学生68.7%的仪器设备。虽然国家每年都在加大对农村学校的资金支持，其教学设施依旧无法跟上时代步伐。不仅计算机房、图书馆、多媒体教室、实验室、教学用具等无法得到保证，有些学校连最基本的课桌椅数量都不够。而这些必要硬件条件的缺失，必然会造成教学效果大打折扣。

部分农村地区由于经济、文化等方面与城市存在较大差异，教师本身的教育观念也相对落后。同时，多数农村学校还未真正认识到素质教育的重要性，依然以应试教育为本，以学生的升学率为重，忽视学生的全面发展。因此，大部分农村地区的孩子并不能得到与城市学生同等的素质教育机会。

在教育教学内容上，目前农村学校多能执行国家统一课程标准，但其教育内容和方式严重脱离农村生活和生产实际[①]。农村学校很少传授当地的人文历史、民俗文化及农业技术，使用的教材大多与城市学校相同，而这些教材的价值导向也以城市文明为主，严重缺乏乡土气息。

国际上，博物馆教育已有上百年历史，已经形成了以学生为中心的服务理念，以互动探索和实践操作为特点的教育模式。在农村地区开展馆校合作，不仅能一定程度上弥补学校硬件设施的不足，还能为学校提供"主课"以外的文化教师，提高农村地区的素质教育水平，同时，利用博物馆资源在学生心中留下当地文化的根。

在校外，博物馆也是提供学生课外教育和村民终身教育的重要机构。博物馆教育是社会教育的重要组成部分，农村博物馆教育的缺失不仅影响农村教育的发展水平，也关乎我国公民平等接受教育的公平原则。完善农村博物馆教育需要上级博物馆倾注更多人力、物力资源，更需要建设更多优秀的农村博物馆。

3. 有利于缩小城乡经济发展差距

改革开放以来，我国经济发展取得了巨大的成就。但在经济社会发展取得显著成效的同时，也需要清醒地认识到经济发展面临的新挑战，城乡发展差距大，农民总体消费水平低的问题十分突出。统筹城乡经济社会发展是保

---

① 葛新斌.关于我国农村教育发展路向的再探讨[J].中国农业大学学报（社会科学版），2015,32（1）：99–105.

持全国经济平稳快速发展的客观要求。

国家统计局公布数据显示，2015年全年全国居民人均可支配收入21966元，比上年增长8.9%，扣除价格因素实际增长7.4%。按常住地分，城镇居民人均可支配收入31195元，比上年增长8.2%，扣除价格因素实际增长6.6%；农村居民人均可支配收入11422元，比上年增长8.9%，扣除价格因素实际增长7.5%。城乡居民人均收入倍差2.73。[①]

影响我国农村经济发展的首要障碍便是人口数量和人口质量。农村人口大量涌入城市是目前的大趋势，要增加农村的人口只有建设更美好的农村吸引外流人口回乡，只有在农村创造更多发展机会，才能吸引更多人口前来创业、就业。在人口总数减少的前提下，只有提高剩余劳动力的素质质量才有提升农村经济的可能。

农村博物馆收集保存了丰富的文化遗产，博物馆依靠展示教育功能传播分享知识，教育民众，提高村民知识素养。同时，深挖当地文化遗产，通过对特色习俗和技艺的再包装，带动乡村旅游，促进文化产业发展。另外，搭建乡村文化和城市文化的桥梁，使两种文化有效互补，带给民众更多新观念和社会经济发展的前沿动态。农村博物馆虽不能直接给农村带来经济收入，但其强大的文化力量可以从多方面促进农村经济发展。

（二）保持农村乡土特色

习总书记在2013年12月召开的中央城镇化工作会议上指出："乡村文明是中华民族文明史的主体，村庄是这种文明的载体，耕读文明是我们的软实力。城乡一体化发展，完全可以保留村庄原始风貌。"

2012年6月5日，在济南召开的"中国北方村落文化遗产保护工作论坛"上，中国民间艺术家协会主席冯骥才先生透露，2000年时我国约有360万个自然村，2010年这一数字降到约270万个，平均每天有250个村子从我们这片超过5000年农耕历史的国土上消失。随着传统村落数量的锐减，我国乡村富有特色的传统文化、乡风习俗、文化景观、农业生产劳作技术等也面临着逐渐消亡的尴尬境地，乡村传统文化遗产的保护和传承成为一个亟须关注和解

---

① 白天亮.农民工月均收入突破3000元[N].人民日报，2016-01-20（16）.

决的现实问题。

1. 农村人口迁徙，传统文化失去得以传承的基础

根据《中国统计年鉴2016》统计数据，1949年，我国乡村人口数为48402万人次，占全国总人口的89.36%，而截至2015年，我国乡村人口数为60346万人，仅占全国总人口数的43.9%。可以看出，新中国成立以来，人口分布的重心不断向城市地区倾斜，城镇化的推进促使大量农民转变生存方式，走入城市。

如今，我国农村空心化现象已然十分严重，农村人口的减少使其传统文化得以传承的基础变得薄弱。由于大部分青壮年外出务工，而老艺人大多年事已高，很多农村已经无法组织起像样的演艺班子，一些诸如赛龙舟、踩高跷、舞龙、舞狮、皮影戏等集体性文化活动难以为继。同时，大多数需要口手相传的传统手工艺也面临着后继无人的尴尬境地，例如潍坊杨家埠年画、四川泸州油纸伞、浙江细文剪纸等。另外，由于农村人口的减少，其传统的公共文化空间也在逐渐失去其作用。

工商业的发展也在一步步促成大量农村人口远离传统的农耕生活，根据国家统计局发布的《2015年农民工监测调查报告》，2015年我国农民工数量达27747万人，占乡村人口总数的45.98%，也就是说我国农村人口"留守数量"可能仅占全国总人口数的23.71%。

而这些离开故土的农民一方面为了适应城市的工作和生活，需要主动改变原有的生活习惯；另一方面，长期远离农村、置身于城市文化中，其价值观念也会发生潜在的改变[①]。同时，由于非农产业的农村居民在城市中的职业也不尽相同，使得村民自身也被分化成了不同的阶层和群体，村民之间的差距也弱化了农村基层社区文化认同。可以说，工商业的发展和外出务工人员的增多，极大地冲击了农村传统文化，城市中部分农村从业人员（特别是青年农村从业人员）更加认同和接受的甚至是现代城市文化。

2. 产业变革，农村景观环境破坏

在大规模城市化之前，农村是主流的社区组织形式，也是人与自然结合最紧密的地方，形成了具有地域特色的文化景观。农村文化景观是在特定的

---

① 吴学丽. 城市化背景下的农村文化转型 [J]. 理论学刊，2009（6）：78-81.

农村地域为了满足特定需求，对自然环境加以改造，或由人文因素作用而形成的具有自身特色的文化景观。① 具体包括乡村聚落、建筑、生产生活用品、农业栽培、动物驯化等物质文化景观，以及思想意识、风俗习惯、生产方式、宗教信仰、政治关系等非物质文化景观。

农村景观破坏首先表现为景观外貌破坏。城市化是中国社会发展的必然趋势，也是中国现下经济发展的主要特征。在推进城市化建设和新农村建设的过程中，一些地方政府在工作上存在一些误区，简单粗暴地大拆大建，将城市化和新农村建设简单理解为"去农村化"。农村文化景观保护被迫让位于经济开发，许多古村落、古建筑和古遗址受到破坏或遭受现代建筑入侵。整齐划一的农田，高度机械化的种植方式使得农业种植景观单一化。所谓的现代文明用单调取代了丰富多样的农村文化景观，使得许多村庄平庸无奇，千村一面。农村的城市化应是使农村拥有城市物质文明的实质，而不是城市的形式，不能让盲目的城市化在自然生态环境和文化景观两方面都威胁到传统的农村景观。②

农村景观破坏其次表现为景观功能破坏。农村文化景观在其形成的过程中总伴随着一定的功能，随着城市文明和现代化生活方式的冲击，以及社会制度的变化，农村文化景观不仅难以保留，即使保留下来的，其功能也逐渐消失，没有了原有的意义。例如宗法制度下的祠堂、大戏台、宗庙等建筑空有其形，大多没有了原来的功能，一些甚至变成了商店、酒吧。除了这些有型的文化景观，一些手工艺人制作的竹木制品原先均是农业社会的生活劳作的日用品，现在更多变为乡村旅游的纪念品。麻柳刺绣原是当地农村女子婚嫁的重要评判标准，具有很高的文化认同感。而现在，麻柳刺绣已经不能影响当地青年的婚姻选择和生活习惯，对城市和现代化生活的追求让他们觉得刺绣是没有文化的女子才做的事情。原来农村挑河、拉纤、筑路会喊"号子"，使大家劳动更有节奏，也更能鼓舞人心，而现在这些劳动多依赖机器完成，因此也没有喊"号子"的必要，虽然还有一些人把喊"号子"当作一种

---

① 朱明，胡希军，熊辉.论我国农村文化景观及其建设[J].农业现代化研究，2007（2）：194–196.

② 姜广辉，张凤荣，陈曦炜，等.论乡村城市化与农村乡土特色的保持[J].农业现代化研究，2004（3）：198–201.

艺术形态来表演，但它也已离开了原有的生存环境，失去了原有的景观功能。农村文化景观脱胎于千百年农村社会的生产、生活之中，承载了农村的历史、民俗等多方面的历史文化，一旦失去了历史继承性，文化景观就丧失了原有功能，失去了它真正的价值。

农村景观破坏还表现为景观内涵的缺失。随着经济建设的发展与转型，农村文化景观建设已形成一股热潮。一些地方政府完全以经济利润为导向，全然不顾当地农村文化的历史背景。一些农村的文化景观建设照搬城市的建设经验，忽视了农村的特征和原有的历史文脉；一些农村文化景观虽保持了历史原貌，但却与现行规划格格不入，景观的保护是为了能够可持续的发展，并不是为了将文化景观束之高阁；还有一些借助文化旅游的兴盛，建设一些虚假的文化景观，空有历史文化之名，实则张冠李戴或是弄虚作假。农村文化景观源自当地独特的地理生态环境和历史文化不断的雕琢，其外在形态与内涵是紧密联系在一起的，又因各地不同的农业生产以及地理、水文、气候等影响具有一定的地域特征，与当地文化内涵相符合的文化景观才是有生命力的文化景观。

在我国，传统村落迅速消逝，伴随而去的是一大批富有地方特色的传统文化、农业生产技术、乡风习俗，乡村传统文化遗产的保护和传承迫在眉睫。其次，随着我国经济和人民生活水平的不断提高，人们对乡土文化的需求日益增长。农村人口或刚由农村转化为城市人口的人们，有着对守护传统文化与寻求自身归属感的迫切需要，这也使针对"乡村记忆"的保护和开发日益得到社会的重视。

2001年，联合国教科文组织通过了《世界文化多样性宣言》，2005年联合国教科文组织又通过了《保护和促进文化表现形式多样性公约》，有世界性法律效应的公约和宣言的形成意味着文化多样性被提高到国际社会应遵守的伦理道德高度。为保护我国十里不同风、百里不同俗的多元农村优秀传统文化，应对城市化、全球化带来的文化霸权和文化侵略，博物馆界需要做出更多建树。

我们应该认识到，无论从理论还是实践中，农村博物馆都能成为中国传统文化现代化的助力。农村地区博物馆是我国新农村建设的重要工具，它不仅能够帮助保护和利用当地的历史街区、古村落等物质遗产，还能推动当地社区文化建设、丰富村民精神需求。农村博物馆在收集、保存农村物质文化遗产的同时，也记录下了当地居民共同的过往，可以成为村民共忆往昔、接受文化熏陶、激发社区可持续发展的公益性活动中心。另外，农村博物馆还能提高本地居民对当地文化的认识，从而在现实基础和历史高度两方面为其未来发展提供引导。①

第二节　农村博物馆的概念的提出

一、博物馆概念的变迁

博物馆从古代雏形发展至今已有两千多年历史，第一座近代意义上的博物馆阿什莫林博物馆艺术与考古博物馆自1683年创建至今也有逾300年之久。早先的博物馆主要关注物品的收藏与保管，尤其是奇珍异宝的收集与保管。在随后的发展过程中，博物馆开始更多地关注展览、观众和社区。博物馆的所有者、博物馆工作的对象、博物馆覆盖的地域等在博物馆的发展历程中都发生了变化。

（一）博物馆受众的扩展

从古代到中世纪，博物馆的概念和形态不断地变化。这一时期博物馆的所有者主要是富豪、修道院和王公贵族。经过文艺复兴时期、启蒙运动和19世纪民主制度时期，博物馆由私人收藏过渡为公共博物馆。

"Museum"（译为博物馆，希腊文书写为 mouseion）一词可追溯到神话起源的缪斯女神，在几个世纪里博物馆的概念不断变化。在古典时代，博物馆指的是"缪斯女神的神庙"，最著名的就是公元前3世纪托勒密一世在亚历山大港建立的缪斯神庙。这个博物馆的藏品有雕塑、天文仪器、标本等，本质

---

① 曹兵武.博物馆作为文化工具的深化与发展——兼谈社区博物馆与中国传统文化现代化问题 [J]. 中国博物馆，2011（Z1）：46-53.

是由政府支撑的研究场所，常驻很多学者①。公元2世纪，哈德良皇帝将帝国内一些标志性建筑仿建在他的别墅内。公元5世纪，一些绘画被放置在有挡板保护的大理石墙裙上，用来向公众展示。古罗马人则将绘画和雕塑作品（多为战利品）放在浴室、公园、神庙等公共集会场所展示②。中世纪时期，西欧的"博物馆"概念几近消失，一切的收藏都围绕着基督教相关的事物，制作并收藏与圣母、耶稣、门徒及基督教圣徒相关的物品。十字军带回的许多精美艺术品不是入了教堂、修道院的藏品柜就是置于王公贵族的宫廷收藏。15世纪佛罗伦萨的美第奇家族创建了一座大型图书馆，收藏了无数精美的艺术品和其他古物。从某种意义上来说，美第奇宫就是一座私人博物馆。16世纪的意大利，"博物馆"概念以画廊和储藏室的形式实现，画廊多展出绘画和雕塑，储藏室多放置动植物标本、小型艺术品等。但这时的藏品很少对公众开放，所有者主要是贵族、教皇和富豪。中世纪也出现了植物园的雏形，修道院、大学等地都会有目的地种植一些植物。成熟的植物园最早出现在大学，例如比萨大学、莱顿大学、牛津大学等，多做科学研究之用。

文艺复兴时期的人文主义、18世纪的启蒙运动、19世纪的民主制度催生了现代博物馆。1671年，巴塞尔建成了第一座大学博物馆，1682年，牛津大学建立了阿什莫林艺术与考古博物馆，标志着第一座近代意义上的公共博物馆正式出现。1753年，英国议会在汉斯·斯隆私人收藏的基础上建成大英博物馆。1793年，法国将卢浮宫作为法国共和国的国家艺术博物馆，向公众开放。到18世纪末，博物馆已开始步入普通公众的生活。

建于1846年的史密森博物学院，致力于推动知识的增长和传播，1870年左右，美国自然历史博物馆、纽约大都会艺术博物馆及波士顿艺术博物馆的诞生标志着美国步入博物馆大国行列，截至1900年，美国的博物馆已经成为公众教育和启蒙的中心。

博物馆经过千百年的发展，由少数人或机构独占，变为全民共享的公共文化机构，所有居民都有平等地享有博物馆的权利。

---

① Jones，David E.H.The Great Museum at Alexandria[J].Smithsonian，1971.

② Germain，Bazin.The Museum Age[M].Translated by Jane van Nuis Cahill.New York：Universe Books，1967.

（二）博物馆内涵和外延的扩展

早先博物馆主要关注物品的收藏与保管，尤其是奇珍异宝的收集与保管。在随后的发展过程中，博物馆开始更多地关注展览和观众。20世纪下半叶，博物馆的实践转向社区与环境。博物馆的主要工作对象发生由物到人的转变，工作对象涵盖的范围不断扩大是博物馆的又一趋势。从国际博物馆协会对博物馆定义的不断修改我们也可以清晰地看到这种变化趋势。

国际博物馆协会于1946年在法国巴黎成立，这是世界上唯一代表博物馆和博物馆专业人员的国际组织。同年，在《国际博物馆协会章程》中首次提出了规范的博物馆定义：博物馆是指向公众开放的美术、工艺、科学、历史以及考古学藏品的机构，也包括动物园和植物园，但图书馆如无常设陈列室者则除外。20世纪50年代，博物馆的定义中涵盖了收藏、研究、教育等公益性层面。1962年博物馆的定义再次得到修改，这次修改主要是扩大了博物馆的收藏范围。1968年召开的第八届国际博物馆协会全体会议强调"应把博物馆视为真正向研究开放的机构"。20世纪70年代之前，国际上对博物馆的定义强调其公共机构的特性，以及博物馆的功能和范围多局限于博物馆内部事务。

1974年，第11届国际博物馆协会全体会议在博物馆定义中加入了"人类"和"环境"，提升了博物馆的对象范围，并且首次把"为社会和社会发展"加入定义中，自此博物馆开始了社会化的新阶段。[①]1989年"传播"这一概念引入博物馆的定义中，扩大了博物馆的功能，并且为少数民族的文化保护提供更多的空间和条件。2004年召开的国际博物馆协会全体会议明确了其工作对象包含非物质文化。自20世纪70年代起，博物馆界已不再把目光局限于自身，而是向社会各个方向延伸，突出服务社会发展的要求，博物馆的社会职能得到不断的强化。

国际博物馆协会给博物馆下的定义总是审慎的，需要将世界上形态各异的"博物馆"囊括其中，因此许多词句是概括的，而无法列举。然而，若我们把视线聚焦到20世纪70年代开始的这场轰轰烈烈的新博物馆学运动上的话，这场博物馆界的自我革命将带给我们一个全新的视角。

① 李喜娥. 博物馆社会化进程中的博物馆定义与演变 [J]. 牡丹江大学学报，2013，22（11）：135–137.

20世纪六七十年代以来，工业革命给人类带来了物质上的飞跃，但也因此破坏了生态环境。西方社会掀起了一场旨在反思和消除现代社会工业文明、消费主义、统一化、标准化、一元论等现代化带来的消极作用①的运动。这场运动被称作"后现代主义"，以崇尚自然，反对以人类为中心；崇尚他人哲学，反对个人中心主义；崇尚文化多样化，反对文化一元论；崇尚民族主义，反对国际主义；崇尚兼容并蓄，反对排他利己。新博物馆学运动就是在后现代主义运动的社会大背景下诞生的。

1972年，国际博物馆协会在智利召开了"圣地亚哥圆桌会议"，反思博物馆的社会作用，以及博物馆如何对社会全面渗透。戴瓦兰（H.de Varine）提出"整体博物馆的概念"，这一概念将博物馆与社会整合在一起。这次会议所形成的思想第一次将新博物馆学运动公开，但其理论和时间成熟的标志是1984年在加拿大魁北克发表的《魁北克宣言》。次年，国际上代表"新博物馆学运动"的组织正式成立，且该组织始终将自己定义为一场"运动"，一场涵盖所有符合博物馆哲学体系和行动方针的学科运动。国际博物馆协会博物馆学委员会主席门施（P.Mensch）认为，新博物馆学是以社区发展为价值取向的博物馆学，通过强化社区某一文化特性为其发展做贡献。②

新博物馆学运动对传统博物馆冲击非常大，其以"社会的、公众的"为中心的发展观念，促使博物馆文化在社会经济发展和大众生活之间建立和谐的关系，博物馆自身的建设与发展成为社会发展总进程的一部分，成为参与社会变革的重要力量。这也在实践中为博物馆参与农村社会的变革与发展提供了理论基础。

（三）博物馆覆盖地域的扩展

在近代博物馆出现至今的几百年间，博物馆的命运一直与城市的命运紧密联系，博物馆既是城市的标志，又是城市生活的一部分。博物馆在相当长的时间和相当广泛的地域内，几乎都是城市居民的"私有物"。并不是博物馆

①　吕建昌，严啸.新博物馆学运动的姊妹馆——生态博物馆与社区博物馆辨析[J].东南文化，2013（1）：111-116，127-128.

②　单霁翔.从"馆舍天地"走向"大千世界"——关于广义博物馆的思考[J].国际博物馆（中文版），2010，62（3）：69-75.

主动拒绝了乡村居民，而是博物馆发生发展的整个历史与乡村的关系并不密切。乡村地域也并不具备一些传统博物馆所需要具备的条件，无论是宏伟的场地、珍奇的藏品、众多的观众、还是优待的政策条件。而这一现状正随着博物馆自身定位与定义的改变而改变，随着乡村社会的发展而改变，随着对文化多样性的重视而改变。促使这种改变的原因还有很多，但乡村正建起越来越多的博物馆是个不容置喙的事实。

城市博物馆已经广为人知，例如纽约大都会博物馆、上海博物馆、东京国立博物馆等。乡村博物馆约在19世纪末才出现，斯堪森露天博物馆是早期乡村博物馆的典型代表。斯堪森露天博物馆的主体是从瑞典各地迁来的不同时期的83座农舍，除此之外还有店铺、手工作坊、教堂、钟楼、风车等建筑。所有建筑按原状复原陈列，来反映各个时期乡村建筑面貌。室内及街道都按当时的场景进行布置，工作人员按照传统进行生产生活，用在农场收集的物品组织展示。工业化之前的乡村生活及乡村景观开始受人重视，以乡村生产、生活为主题的博物馆开始出现。

在20世纪40至50年代，东欧国家也在努力建设这样的博物馆，当时受到强烈的社会主义思想号召，意图通过建立这类博物馆振兴无产阶级文化和农业。例如罗马尼亚乡村博物馆，该馆始建于1936年，占地面积10公顷，展品中散布其中的40个院落共66座乡村建筑，包含房舍、作坊和教堂等，均为20世纪30年代从罗马尼亚各地农村迁移过来，是一座介绍罗马尼亚农村建筑艺术、民间艺术和农民生活习俗的露天博物馆[①]。

社区博物馆或生态博物馆是乡村博物馆的重要表现形态。生态博物馆和社区博物馆是"新博物馆"中的明星姊妹，他们的最初尝试都与乡村或城市边缘欠发达社区有关。早在雨果·戴瓦兰提出生态博物馆概念之前，法国中央政府就已经在20世纪60年代晚期投资建设"地方自然博物馆"，用以振兴法国乡村地区的经济和文化。而后，乔治·亨利·里维艾将瑞典斯堪森露天博物馆的理念引入法国地方自然公园中，保持公园中所有自然景观和文化遗产的原真性，将人与自然环境作为一个有机整体加以保护和展示，并由当地居

---

① 周荣子.罗马尼亚乡村博物馆，"原汁原味"保鲜民俗[N].新华每日电讯，2006–7–10（8）.

民直接管理。^①馆内陈列当地的农具、传统家具和手工艺品，馆外大部分仍是自然景观，公园内仍以传统农牧业为基础。关于乡村的更多信息得到了人们的重视，不仅是对历史的保护，而且是对当下社区发展的关心。

纵观世界博物馆发展史，许多国家的博物馆都有向农业地域扩张的高潮。例如日本在20世纪30年代出现的乡土博物馆运动以及五六十年代出现的发展中小型博物馆运动，苏联在70年代出现的社会博物馆运动等^②。英国在20世纪50年代工业化后也出现了对乡村和乡村生活的怀旧浪潮，并在20世纪70年代达到顶峰，这期间促使大批乡村博物馆涌现。乡村博物馆的出现不仅使农民生活更加舒适，而且使其内心更加自信，还促使大批城市居民前来找寻闲适的乡村生活。

20世纪下半叶至今，西方发达国家的博物馆建设不断向乡村地域扩张。以美国为例，美国博物馆总数约11000多家（另有调查称约1.7万家博物馆，其中符合登记标准的约8000家），75%为小型博物馆，并且这些小型博物馆中45%分布于乡村与城郊^③。

博物馆的概念正不断扩大，已逐渐成为超越机构的现象。博物馆的物品概念也涵盖了人类社会和自然环境间的所有证据，博物馆的遗产范围也超越了有形遗产，包含了无形的文化遗产。除此之外，博物馆的社会概念将所有人类群体平等地包含在博物馆中，并且追求多元化的可持续发展模式。

博物馆概念的变化促使博物馆将农村的历史证据、文化景观、农村居民乃至农村社会的方方面面发展纳入到自己的工作范围中去。

二、农村博物馆的概念

农村博物馆对应的英语词汇多为 Rural Museum、Country Museum、Rural Life Museum、Rural Heritage Museum、Rural Eco-museum、Rural Community Museum 等，在英语词汇中，农村博物馆一般涵盖多种类型，以农业、农村和

---

① 吕建昌，严啸 . 新博物馆学运动的姊妹馆——生态博物馆与社区博物馆辨析 [J]. 东南文化，2013（1）：111–116，127–128.

② 邢致远 . 浅议"十二五"期间江苏县级博物馆建设与发展 [J]. 文物世界，2012（1）：72–76.

③ 胡蔚 . 博物馆发展的广阔天地——浅谈博物馆下乡与乡镇博物馆建设 [J]. 博物馆研究，2013（3）：27–32.

农村生活为主题的博物馆，在20世纪中叶为快速响应农村生产生活变化，而迅速发展起来的一类博物馆[①]。

日本存在"乡土博物馆"这一相近概念。"乡土博物馆"概念源于棚桥源太郎先生1932年写成的《乡土博物馆》一书。"乡土博物馆"概念的地域范围限定在"市、町、村"一级[②]（相当于国内"县（区）、镇、村"），在收藏展示的内容方面涉及面比较广，包括考古、民俗乃至纪念性等。这一概念对地域的限制是较明确的，对内容的限制则比较模糊。

国内学者潘守永先生也曾呼吁通过对民族村寨的分析讨论，建立中国的地域博物馆学研究。其主张的地域博物馆与"基层博物馆""县级博物馆"也有关联，但本质不同，不受制于行政区划而是更多考虑地域社会需求是核心内容。2015年在国家行政学院举办的首届乡村博物馆论坛上，潘守永先生又与多位专家探讨适合中国国情的乡村博物馆的概念，虽然囿于时间关系未能当场得到一个清晰的概念，但是对中国农村博物馆概念的形成有深刻的影响。

现如今，我国城市化进程不断提速，大规模城乡建设持续开展，珍贵的文化记忆正以前所未有的速度消失。农村地域较之城市地域，遗产保护力量更为薄弱，因此单霁翔先生在思考广义博物馆概念的时候，就认为博物馆不能囿于过去的传统框架，要将博物馆的活动空间和影响范围拓展到更大的空间和更宽的领域。[③]农村博物馆的核心价值是要保护地方文化遗产，服务社会，参与并推动农村社会的变革。

我国博物馆学界对农村博物馆并无统一的概念界定，本文仅根据所研究对象的特性给予其一个合适的范围。本文叙述的农村博物馆是一种设立于广大农村地域，以农业、农民、农村为主题，具备收藏、展示、教育、研究等功能，并向社会公众开放的博物馆。

（一）博物馆的农村与乡村之辩

2014年12月6日，由中国村社发展促进会、花园村政府以及中国农村博

---

① Roy，Brigden.Rural Museums in an Urban and Multicultural Society[J].Folk Life，2009，47（1）：97–105.

② 棚桥源太郎.乡土博物馆[M].东京：刀江书院，1932：13–14.

③ 单霁翔.从"馆舍天地"走向"大千世界"关于广义博物馆的思考[M].天津：天津大学出版社，2011：8–9.

物馆联合举行，以"新理念·新传承·新发展"为主题的首届中国农村博物馆年会在浙江省东阳市花园村举行。① 会议以研讨充实中国农村博物馆馆藏内容和完善管理工作并发挥博物馆在村庄文化建设方面的作用为主要内容。中农办原主任、中国扶贫基金会会长、中国农村博物馆馆长段应碧，农业部农村经济研究中心主任、中国农村博物馆研究院院长宋洪远，浙江省农办原副主任顾益康，花园村党委书记、花园集团董事长兼总裁邵钦祥等出席年会，并为刚成立的中国农村博物馆研究院首批受聘研究员颁发聘书。

2015年11月1日，由公共经济研究会中国乡村文明研究中心、中国人民大学乡村建设中心等单位主办，国家行政学院、中美后现代发展研究院等单位协办的第三届中国乡村文明发展论坛在北京国家行政学院会议中心举行。② 大会设置了以"乡土文化保护的乡村博物馆建设"为主题的中国首届乡村博物馆分论坛。论坛分享了诸如北京洼里博物馆、广西乡村博物馆建设与发展的一些情况，通过了"乡村博物馆建设北京共识"。

这两次大会都是中国博物馆学界探讨在中国农村建设博物馆的积极尝试，农村博物馆或乡村博物馆的命名也无对错之分。在中国博物馆事业的发展过程中，与城市地区博物馆相对立的博物馆可统称为农村博物馆或乡村博物馆。我国学术界对城市与博物馆间关系的研究已相当丰富，博物馆也被冠以"城市的名片""城市的客厅"等美称。近年来，随着我国博物馆事业的不断壮大，城市地域外的博物馆不断建设发展，对这一博物馆群体的研究也日益被学界重视。

英语词汇"Rural"，其本意有"农村的"和"乡村的"两种含义。就乡村而言，台湾社会学家蔡宏进认为"乡村社区包括的范围，广义来看包括所有都市以外的社区，这些社区包括城镇社区和村落社区"③。我国早期的社会学家冯和法先生认为农村也可称为"乡村"，但农村更可以表示出其人民共同生活的特征 ④。美国社会学家帕尔（Burr）认为"一个农村社会可称为一个农业

---

① 蔡一平. 首届中国农村博物馆年会在花园举行 [N]. 花园报，2014-12-9（1）.

② 张文明，牟维勇，张孝德. 乡村文化复兴开启文化为王新时代——第三届中国乡村文明发展论坛综述 [J]. 经济研究参考，2015（66）：58-61.

③ 蔡宏进. 乡村社会学 [M]. 台北：三民书局，1989：116.

④ 王洁钢. 农村、乡村概念比较的社会学意义 [J]. 学术论坛，2001（2）：126-129.

区域的人群，其大小与单位能让居民充分从事团体合作的活动"①，农村外延还包括种植业、林业畜牧业、渔业等。命名为农村博物馆可以更好地凸显这一地域的生活特征和文化形成背景。

在我国的传统用语中，习惯将农村与城市相对应。在我国，农村的概念并不是个经济概念，农业才是经济概念，农村更主要的是看作地域概念或区域概念。这样划分原则是先确定城市区域，然后把不属于城市的区域划为农村。② 本文的农村区域范围，包括了建制镇和非建制镇以及下辖的村，也涵盖城市郊区的农业社区。这一划分标准不仅参考了社会学概念的划分标准，更与我国博物馆发展阶段有关。

（二）农村博物馆运动与农村博物馆机构

农村博物馆在当前发展条件下，标准是相对宽松的。宋向光先生在解读2007年《国际博物馆协会章程》的变化中认为，当代博物馆发展已进入一个多样化的时代，人们很难以组织名称、构成成分和组织机构来简单确定其是否为博物馆③。2007年国际博物馆协会对博物馆定义中，只保留了对博物馆组织目的、性质、功能和工作对象的原则性的描述。博物馆的组织特性、社会责任和社会效益得以放大，而组织名称和构成要素并不是评判为博物馆的绝对标准。

1. 区县一级博物馆

区县一级级博物馆既可作为城市博物馆建设的外延，也可作为农村博物馆建设的中心，是连接农村地区与城市地区博物馆的纽带。在我国农村博物馆发展较落后的情况下，区县级博物馆可以直接影响和指导更下一级农村博物馆的建设，与农村博物馆在空间地理位置上以及行政管理上关系紧密（这里的"区"特指下辖农业社区的城市建制区）。在农村博物馆建设的初期，应将更多反映广大农村地域内容的区县一级博物馆作为与农村博物馆关系最为密切的城市博物馆来对待。

---

① 言心哲.农村社会学概论 [M].上海：华书局，1934：16–17.

② 刘冠生.城市、城镇、农村、乡村概念的理解与使用问题 [J].山东理工大学学报（社会科学版），2005（1）：54–57.

③ 宋向光.国际博协"博物馆"定义调整的解读 [N].中国文物报，2009–3–2（6）.

以安吉县的农村博物馆发展为作为例子可以更直观地理解这种关系。安吉生态博物馆是安吉县最重要也是规模最大的博物馆，甚至有学者称之为"博物馆聚落"①，这也恰如其分地形容了安吉一个中心馆、13个专题馆、26个村落文化展示点的空间分布特征。安吉生态博物馆群是一个开放的、动态的博物馆群落，在县城建设的中心馆（资料信息中心）给散布在整个县域范围内的各馆各点提供各类必要的专业指导，其他数十个展示馆（点）都是由民众设计建造，政府组织考评委员会评级并给予资助。安吉生态博物馆的模式虽然是个例，但仍然可以看出区县一级博物馆尤其是实力较雄厚的综合性博物馆对整个行政区划内农村博物馆强大的影响力。

因此，已经城市化的县城或者城市建制区的博物馆尤其是地域中心的综合性博物馆虽不划分入农村博物馆的序列，但仍是该地区农村博物馆研究需要考虑的对象，一是因为其展藏内容仍包括本地农业社会产生的文化遗存；二是其与农业村落空间联系最为紧密；三是其自身发展较快，可以起到一定指导和带动作用。

2. 名人故居、遗址博物馆与纪念馆

在农村地域上，散布着许多当地的名人故居和历史遗迹、各类历史事件或历史人物纪念馆，不乏为中华人民共和国成立做出贡献和牺牲的革命类"红色纪念馆"，许多人会对这些机构作为农村博物馆持怀疑态度。

许多名人的一生都活跃在多个地区，以毛主席为例，革命使其一生奔波，跑完了大半个中国，位于湘潭县韶山冲的故居也仅是少时生活的地方，但主席先后5次回到韶山搞革命，视察工作并看望乡亲。也正是因为毛主席生在农村、长在农村，才会对旧中国的国情有深刻的认识，了解农民与土地对于革命的价值，才能指导革命建设新中国。位于农村地域的名人故居恰能说明这些名人或是伟人与农村千丝万缕的关系，"一方水土养育一方人""人杰地灵"都是说的这样一种关系。

历史遗迹或是考古遗址，都是历史给农村地域馈存的宝贵遗产。各类纪念馆也是纪念这片土地上出现的重要的人物和发生的重要事件。这些都是当

① 单霁翔.关于浙江安吉生态博物馆聚落的思考[J].中国文物科学研究，2011（1）：1-8.

地农村历史记忆的重要组成部分，是形成一方文脉的重要基础。

美国博物馆协会申请认定博物馆资格的条件包括：(1) 合法的非营利性机构；(2) 其主要性质是教育的；(3) 有一项正式明文规定的任务；(4) 有一位具有博物馆知识和经验的全职专业人员能使博物馆有效运作；(5) 有系统的活动计划和展览日程；(6) 有正式的博物馆档案包括对馆藏保存和使用的建档①。除了常规意义上的博物馆外，美国的博物馆认证范围中还包括动物园、植物园、水族馆、历史遗迹、生态中心等等。事实上这些机构能满足前述六点要求的少之又少，大部分只符合其中部分标准。美国博物馆协会看似自相矛盾的做法实则是鼓励一些不够成熟的博物馆加入认证体制，以及主动纳入多种有博物馆因素的机构。这一做法仍值得我国农村博物馆建设的借鉴。

3. 农村博物馆运动

农村博物馆运动是以农村居民和当地遗产为对象，以博物馆学理念为指导思想，以遗产和社区的可持续发展为目标的一种运动。这一运动包括但不局限于农村博物馆馆舍的建设，在农村地区建设农村博物馆场馆并不是农村博物馆建设的根本目的。

农村博物馆建设是一场广泛的运动，其本质是利用博物馆学理论知识，在对农村的文化遗产和自然遗产进行合理保护利用的基础上，寻求人与社会的和谐发展。在当下，普及博物馆理念、遗产保护理念与博物馆场馆建设同样重要。利用博物馆学知识处理和保护迅速消亡的农村文化遗产，协助农村在工业化、城市化、全球化的冲击下，适应和战胜出现的一系列危机，重新找到农村和农业的定位，处理好"三农"问题才是根本。

在这场运动的初期，由于我国农村地区缺文物、缺资金、缺专业人员，很多群众对博物馆的了解都很缺乏，然而农村地区对博物馆的需求又十分急迫。在这种前提下，发展农村博物馆要暂时降低一点标准，鼓励地方政府、机构和个人在不违背博物馆发展原则的情况下，进行一些农村博物馆建设的实践。这些实践未必能达到我国博物馆条例所规定的标准，然而在农村博物馆发展初期，仍应鼓励这些具有博物馆因素的实践，并寻求不断提升现有农

---

① 吕建昌.美国博物馆认定制度评析 [J].中国博物馆，2007（2）：96–104.

村博物馆的数量和质量。

（三）农村博物馆的工作对象及特点

农村既是博物馆的工作背景，又是博物馆的工作对象。农村博物馆的主要任务和经营范围就是当地村落，包含当地村民和村落中的所有遗产以及村落所处的自然环境。

1. 文物藏品的贫乏

我国遭受了殖民主义掠夺，又因新中国成立后博物馆高速发展，出现了博物馆数量增长迅速，而藏品数量严重滞后的情况。从全国的视域来看，博物馆藏品贫乏的情况是绝对的。正因如此，当1972年《保护世界文化和自然遗产公约》、2001年《世界文化多样性宣言》、2003年《保护非物质文化遗产公约》这三座保护文化遗产的里程碑式的公约宣言面世的时候。博物馆界迅速响应，并把文化遗产纳入藏品和保护的范畴，博物馆可收藏的对象范围迅速扩大。

农村相对于城市来说，藏品尤其是文物藏品是非常贫乏的。农村地区文物藏品贫乏的原因是多样的。首先，考古发掘文物多保存于省、市一级国有博物馆内，农村博物馆没有资格也没有条件保存这些文物；其次，农村博物馆大多规模小、知名度低、宣传能力有限，接受捐赠的概率也要小很多；并且，大部分农村博物馆的运行经费较少，对文物藏品的征集能力有限。因此，许多农村博物馆实际上变成了图文宣传室，展览只围绕单调的图片及文字展板进行，无法开展更多活动及研究。

由于多种原因，当前农村博物馆文物藏品拥有量较少，这是难以逆转的现象。然而农村地域却保留有最多最原真的文化遗产，唯有打破旧观念，积极挖掘并将农村丰富的遗产纳入博物馆的藏品范畴方可解决当前的困境。

2. 观众密度和文化水平低

农村地区与城市地区的一大区别就是农村地区的人口密度明显低于城市地区。人口的密度低则潜在的博物馆受众密度也低，相同半径的地理空间内，农村博物馆拥有的观众人数要明显低于城市博物馆。再加之基础设施和常用交通方式的区别，农村观众更难到达身边的博物馆。

观众密度会直接影响到馆参观的人数。一些位于旅游景点附近的农村博物馆尚可依赖外来流动人口的光顾，更多农村博物馆均门可罗雀。一方面，农村地区观众较分散，一方面博物馆自身缺乏主动性，还有农村常住人口文化水平的关系。

在进行"宁镇地区农村博物馆研究"课题中，一份在南京江宁区石塘村进行的问卷调查有效问卷百余份，25至50岁的受访者的文化教育水平多集中在小学到高中，很少接受过高等教育。对博物馆这一事物的不了解，以及对博物馆展出内容的不理解仍是农村博物馆发展的主要阻力。

受制于农村博物馆的工作对象的特性，需要更灵活的工作形式，设计更适合农村观众的活动和展览，以及培育稳定的农村博物馆观众。

农村博物馆不仅是农村过去历史的"终点"，而且农村面向未来的起点，如何关怀村民和农村社会的需求是农村博物馆运营的最高准则。农村博物馆的建设立足于具体的地域范围，特定的自然与人文环境，对内关注自身的收藏、研究、保护等，对外关注自己的观众、展示传播和教育等社会服务。农村博物馆是村民认识自我的一面镜子，也是外来游客看到文化差异的一个橱窗，更是不同信息、人群、理念交流和对话的平台，尤其是促进城乡居民观念调和的平台。

（四）农村博物馆的发展目标

农村博物馆的出现是为了协助农村在工业化、城市化、全球化的冲击下，适应和战胜出现的一系列危机，重新找到农村和农业的定位。农村博物馆的根本立足点在于保护和发展农村的文化遗产，传播和提升传统文化，改善和丰富村民的文化生活，使农村博物馆的展览和活力成为提高农村居民文化生活质量的理想方式，农村博物馆成为农村社会进步的必要辅助。

农村博物馆是新农村建设的有机组成部分，应致力成为地域文化中心与展示窗口，农村博物馆不仅需要重构和展示农村的记忆和生活，也需要和农村其他遗产和机构建立有效的联系。

农村博物馆的短期目标：对当地农村地域中的遗产、资源进行博物馆化处理，包括收集、整理、保护、研究等，在此基础上实现地域内的自然与人文、物质与非物质遗产的全面保护与展示，培育稳定的博物馆受众，实现农村博物馆自身的良性发展。

农村博物馆的中长期目标：构建乡村记忆，加强民众对农村社区的认同，服务农村社会，协调统一博物馆、村民与农村社会的可持续发展。

农村博物馆应该成为农村文化进步的积极力量，成为提高农村教育的积极力量，成为改善村民生活的积极力量，成为促进农村社会发展的积极力量，这些目标的达成是博物馆核心社会职能的体现。

三、农村博物馆的分类

博物馆分类是有效研究和管理博物馆的基础，我国注册在案的博物馆总数已近5000座，没有注册的博物馆也有一定数量。对博物馆进行分类研究，可以更清晰地发现各类博物馆在藏品、功能、定位等方面的异同。农村博物馆即可看作博物馆的一个类别，也可在其下继续加以分类研究，根据不同的分类，可以从不同角度了解农村博物馆内部的异同，以便针对不同类别加以研究。

根据不同条件，农村博物馆还可以有多种分类，根据博物馆设立主体不同，可以分为国有博物馆和非国有博物馆；根据博物馆藏品和基本陈列内容来分，可以分为历史博物馆、艺术博物馆、科技博物馆、综合博物馆和其他类型。除此之外，还可以根据农村博物馆不同的发展形态或文化遗产保护类别来划分。

（一）"三农"视角下的农村博物馆分类

习近平总书记在党的十九大报告中指出，农业农村农民问题是关系国计民生的根本性问题，必须始终把解决好"三农"问题作为全党工作重中之重。农村博物馆建设的目标是要解决农村出现的诸多问题，成为农村社会和谐发展的必要力量。当前农村社会的问题可以简单概括为"三农"问题，"三农"包括农民、农村、农业。根据农村博物馆主要关注的文化遗产类别在"三农"视角下不同的归属，可将农村博物馆划分为主要与农村社会的主要居住者"农民"相关的博物馆、与农民的居住地和居住环境"农村"相关的博物馆、与农民从事的主要经济生产活动"农业"相关的博物馆和其他农村博物馆。

1. "农民"博物馆

"农民"博物馆这一分类下的博物馆主要包括与当地农村历史发展中生活过的人所创造的历史为主题的博物馆。这里的"农民"泛指农村居民，包括从事农业劳作的居民和失地务工的居民以及居住在农村的非农人群。

农村居民是农村的缔造者，农村的一切都与生活在这里的人有关。反映农民革命斗争的英雄人物和重要事迹的"红色"博物馆（纪念馆），如宜兴革命陈列馆；反映在当地农村出生或生活过的历史名人的故居及纪念馆，如锦溪杰出人物馆；反映一方风土人情的民俗博物馆，如江南农家民俗馆；以及和其他各类反映当地人文特色的专题博物馆。

2."农村"博物馆

"农村"博物馆这一分类下的博物馆主要包括与农村历史以及农村聚落景观相关的博物馆。这里的"农村"泛指农村社区居民生活的人文与生态环境的结合体，既包括历史的，又包括当下的。

反映村庄历史的村史馆是"农村"博物馆中最常见的一类，这类博物馆下包含反映村庄历史的各类村史馆、村情馆，如张渚镇茗岭村村情村史馆；除此之外，还包括反映一个地区农村文化特色的博物馆，如江南文化博物馆；反映农村建筑聚落的博物馆，如浙江武义璟园古民居博物馆。一些民族村寨博物馆也可纳入这一分类中考虑。

3."农业"博物馆

"农业"博物馆这一分类主要包括与农业生产相关的博物馆。这里的"农业"指的是包括种植业、林业、畜牧业、渔业、副业等产业形式在内的广义农业，不仅包括农业生态，也包括农业技术。

在"农业"博物馆分类中，最直观的就是一些以农业为名的博物馆或者以农业文化遗产为主要对象建设的博物馆，例如奇台农耕文化博物馆和吐鲁番坎儿井博物馆；还有反映畜牧业的博物馆，如安佑猪文化博物馆；反映渔业的常州鱼文化博物馆；还有反映副业的如江南茶文化博物馆等等。

4.其他类型

以"三农"视角进行农村博物馆划分有一定针对性，也比较便于理解，但仍有一些博物馆难以归入其中。其他类型中包括区县一级的综合性博物馆，这类博物馆由于规模较大，涉及的内容也比较丰富，不宜划入某一类来研究；其他类型还包括一些工业遗产博物馆和自然科技博物馆。

（二）博物馆建筑空间组织形态下的农村博物馆分类

大多数农村博物建筑多为建在同一地点的一栋或几栋房屋构成。但随着农村博物馆事业的发展，新的博物馆实践不断涌现，农村博物馆建筑的空间组织形态也有很大差异，并且可以以此分为四类。

1. 一地一点基础式

这类农村博物馆是数量最多，最常见的类型，博物馆建筑聚集同一地点，占地面积较小，展品多为可移动物品，以室内展示为主。

2. 一地多点组合式

这类农村博物馆以浙江武义璟园古民居博物馆为例，该博物馆占地300余亩，从江苏、浙江、安徽等地收购、迁移并展示明、清古建筑70余幢，并有配套建设的花园、亭台楼阁等辅助景观，打造成江南古民居大观园。这类博物馆多以露天博物馆的形式存在。多栋建筑集中于一地，组成博物馆。

3. 多地分级嵌套式

这类农村博物馆以浙江安吉生态博物馆为例，安吉生态博物馆是一种由"中心馆（资料信息中心）+ 专题展示馆 + 村落文化展示馆（点）"构成的动态开放系统。布局以中心馆为信息资料的收集、研究、存储核心，并进行集中展示，各专题馆分散展示和保护多元的文化遗产和自然环境，各村落又有若干展示点。整个博物馆如同一个聚落，由村落、乡镇、县城三个级别嵌套构成，由点到面，覆盖整个县域。这类博物馆的特点以一个中心馆，多个分馆构成。博物馆间的规模和功能有明显区别，中心馆级别较高且功能复杂，起到协调、引导、管理等多重作用，每下一级规模和功能相应递减。

4. 多地多点平行式

这类农村博物馆以山东"乡村记忆工程"为例。"乡村记忆工程"由山东省多部门联合，在全省范围实施的，以充分利用现有场地设施建设民俗生态博物馆、社区博物馆、乡村博物馆为主要方式，收集和展示富有地域特色、活态文化特色和集体记忆的文化遗产，包括乡土建筑、街区遗产、农业遗产、农业生产劳作工艺、服饰、民间风俗礼仪、节庆习俗等。"乡村记忆工程"不是单个博物馆的建设工程，它是文化遗产保护的一种创新形式，也是农村博物馆建设在以省一级为单位的行政区划内的宏伟布局。

（三）以藏品内容为主导的农村博物馆分类

我国目前根据博物馆的性质和内容，参照世界其他国家博物馆类型划分和我国博物馆现状及管理体制，我国博物馆一般分为：社会历史类、自然科学类、文化艺术类、综合类和其他类型。[①] 除此之外，在20世纪90年代，我国还出现了不以收藏为基础的生态博物馆和社区博物馆。博物馆发展中出现了从实物导向转变为信息导向，诞生了数字博物馆，也称虚拟博物馆。

农村博物馆与城市博物馆相比，主要存在地理位置、藏品内容和规模等方面的差别。虽然也出现一些不以收藏为主的博物馆，例如各类生态博物馆、社区博物馆，但这类博物馆设置条件多、门槛高。在中国大多数农村地区仍是以传统类型博物馆为主，我国博物馆学界常用的分类方式依然适用于这些地区农村博物馆的分类研究。

1. 社会历史类博物馆

农村的社会历史类博物馆主要是以研究和反映农村历史的发展过程、发展规律以及农村发展历史中的重要事件、人物等为主要内容的博物馆。历史类博物馆包括地方史、专史、历史遗迹等，如无锡江阴华西村村史馆、高城墩良渚遗址纪念馆等。纪念类博物馆包括重要历史人物和重要历史事件的博物馆，特别是革命性质的纪念馆，如新四军苏南抗日斗争历史陈列馆、宜兴徐悲鸿纪念馆等。

民族、民俗博物馆包括民族博物馆多是反映少数民族的民族史和历史遗址遗迹的博物馆，如凉山彝族博物馆等。民俗博物馆则是反映某一地区人们的风俗习惯、生产、生活和文化的博物馆，如长泾民俗博物馆、天目湖酒文化博物馆等。

2. 文化艺术类博物馆

农村的文化艺术类博物馆主要包括文学、工艺美术、书法、曲艺、建筑、绘画等等。工艺美术类博物馆：宜兴紫砂博物馆、中国鬃金漆博物馆。文学类博物馆：甪直冯斌作文博物馆。曲艺类博物馆：昆曲博物馆。

3. 自然科学类博物馆

自然科学类博物馆是以自然生态和人类改造自然生态为内容的博物馆。一般包括自然博物馆和科学技术博物馆。自然博物馆包括一般自然性博物馆、专门性自然博物馆、园圃性博物馆，如太仓花卉园艺展示馆、苏州太湖大熊

---

① 王宏钧. 中国博物馆学基础 [M]. 上海：上海古籍出版社，2001：54.

猫科普馆。科学技术博物馆包括科学技术博物馆和科学技术史博物馆：昆山可再生能源特色产业基地展示馆、远东国际电线电缆体验式博物馆。

4.综合性博物馆

综合性博物馆是兼有社会科学和自然科学双重性质的博物馆，在农村地区这类博物馆数量较少，一般为区县的中心博物馆，如江宁区博物馆、常熟博物馆等。

除以上类型博物馆，国内农村地区还出现了一批以新博物馆学理念为支持，不以实物收藏为基础的生态（社区）博物馆，比如民族的地区的贵州六枝特区的梭戛苗族生态博物馆、东部农村地区的安吉县生态博物馆。

第三节　国外农村博物馆发展的优秀实践

农村博物馆概念是基于中国特殊国情和中国博物馆事业发展现状而形成的，并不完全适用于其他国家的博物馆事业。但世界范围内，有很多国家在工业化的过程中经历了与中国当下相类似的历史阶段，在这一阶段也涌现了许多与中国农村博物馆相类似的博物馆实践。这些实践案例仍可以给苏南农村博物馆的发展提供很多有价值的参考。

一、露天博物馆

19世纪，专家们发现了乡村文化的价值，1873年，人类第一座科学的人类学博物馆，诺迪斯卡博物馆建成于斯德哥尔摩。1891年，瑞典建成了第一座露天的乡村文化遗产博物馆，斯堪森露天博物馆。Open Air Museum，可译为"露天博物馆"或"户外博物馆"，它将展品都置于户外；主要展出乡土建筑，包括房屋住宅和其他附属设施。宋新潮先生将其解释为"致力于收集农村建筑及其附属物并将其置于能展现实际机能的自然景观与文化脉络当中加以整体展示"[1]。

---

① 宋新潮.生态（社区）博物馆与变革中的博物馆 [J]. 中国博物馆，2011（Z1）：10-14.

（一）斯堪森露天博物馆

19世纪是欧洲工业化时期，瑞典也不例外，它的乡村生活方式正在迅速让位给一个工业化的社会，许多人担心这个国家的许多传统习俗和职业可能会被历史所遗弃。创馆人海瑟琉思（Artur Hazelius）游历全国，买下了大约150座有代表性的建筑，搬迁到斯堪森露天博物馆，占地面积约30公顷。包括从瑞典各地迁来的各个不同时期的83栋农舍，还有教堂、钟楼、风车等各种建筑30余栋，以及从斯德哥尔摩旧市区迁来的15栋店铺和手工作坊。所有建筑都是对游客开放的，展示了16世纪瑞典村庄生活的全方位场景。这是当时最古老也是最先进的乡村露天博物馆。

20世纪初期，以斯堪森博物馆为参考，挪威、芬兰、丹麦、罗马尼亚等国陆续修建了本国的露天博物馆。

（二）罗马尼亚露天博物馆

在20世纪40—50年代，东欧国家也在努力建设这样的博物馆，当时受到强烈的社会主义思想号召，意图通过建立这类博物馆振兴无产阶级文化和农业。例如罗马尼亚乡村博物馆。该馆始建于1936年，占地10公顷，展厅由散布着的40个院落中的66座乡村建筑组成，这些建筑包括房舍、教堂和作坊等，都是20世纪30年代从罗马尼亚各地农村搬迁过来。它是一座介绍罗马尼亚农村建筑艺术、民间艺术和农民生活习俗的露天博物馆[①]。建立民俗博物馆的目的是想通过展示 三 个多世纪以来罗马尼亚的农村建筑艺术、装饰艺术、农民的生活方式和习俗，让人们学习和了解罗马尼亚的传统文化。

（三）日本田园空间博物馆

1988年，日本农林水产省推行"田园空间博物馆"计划来保护自然环境、景观和传统文化，至2017年已有58座（含1座在建）。田园空间博物馆是把在农村地区富有魅力的景观和自然环境，以及居民营生的传统和文化作为博物馆的展示物，并保全和活用这些展示物的以整个农村地域为范围的"没有屋顶的博物馆"。

田园空间博物馆（也称"乡野环境的博物馆"）由"核心博物馆""附属

---

① 周荣子.罗马尼亚乡村博物馆，"原汁原味"保鲜民俗[N].新华每日电讯，2006-07-10（8）.

博物馆和设施""体验道路"组成。田园空间博物馆的内容忠于当地的历史和传统文化，通过露天展示的方式来展示传统农业设施的再生产以及美丽的乡野景观的修复等内容，并且有组织地通过小道来联系核心设施和临近设施或是分散在该区域内的展示设备。当地居民有对景观和日常生活重要性的认识，积极参与到博物馆的工作中，因为这些博物馆由市政府或者是半公共的企事业机构委托运作，并努力使其能够存活下去使之成为一个有效的机构[①]，而非政府部门隶属的博物馆。

日本田园空间博物馆也属于露天博物馆，但其主要依靠民间力量及地方企事业单位的支持。博物馆的运营又与前述需要大量财政支持的博物馆不同。日本田园空间博物馆积极引导当地居民认识并融入到"博物馆化"的田园空间中，并通过田园博物馆计划促进农村振兴，这一做法有向生态博物馆靠拢的迹象。

采用露天博物馆这种形式建设的农村博物馆与传统博物馆最大的区别在于：一是将展品放在博物馆室内展柜中变更为将展品置于户外；二是展品主要是乡土建筑及其他附属设施；三是展品多从各地收集搬迁而来，非原址展示；四是利用自然环境和建筑展品建立了更立体的空间架构，使参观者在视觉、听觉、嗅觉上获得更丰富的感受，初步实现对自然环境和文化载体的保护。

二、生态博物馆

生态博物馆诞生于法国，其产生原因有多种：一是工业化、城市化后人们渴望回归和拥抱乡愁；二是对边缘文化价值的肯定与强调；三是传统博物馆对自身的反思与改变；四是环境保护主义的催生。[②]

（一）法国区域自然公园

1967年，法国将数个农村合并起来并提供财政支持建设"法国区域自然公园"，这是一种经济和文化政策发展下的产物。与露天博物馆将建筑迁移到人工化的场地不同，"法国地方自然公园"在原址恢复到过去的面貌，并安排

① 大原一兴，张伟明. 当今日本的生态博物馆 [J]. 中国博物馆，2005（3）：58–62.
② 尹凯. 生态博物馆在法国：孕育与诞生的再思考 [J]. 东南文化，2017（6）：97–102.

专人负责指导和教育民众与周围自然环境的和谐共处①。这在当时是相当成功的实践，体现了生态学和地区文化的诉求，是在生态博物馆概念提出前，与生态博物馆理念最为吻合的，也被看作第一代生态博物馆。

到2015年，法国已建立了51个区域自然公园。法国区域自然公园多采用自下而上的建设模式，改善居民生活水平是首要目标，具有生态效益的规划管理是特色，公众的积极性比较高。区域自然公园的范围与地方行政边界并不一致，因此常采取跨区域的合作模式，这也促进了城镇间的合作与交流。协调欠发达地区的农业发展与自然保护，通过"保护乡村"的方式来保护生态环境，并带动农业旅游提高当地的生活水平。②

区域自然公园达成了一种自然生态与文化遗产的保护和经济发展多赢的生态博物馆建设模式。这些欠发达的农业区域居民不仅因此提高了保护的意识，也享受了保护带来的益处。

（二）日本"乡野"的生态博物馆

生态博物馆概念引入日本后并未得到官方体制的建设，1988年日本农林水产省（农林渔业部）推出了"乡野博物馆"计划，来建设一种保存自然、人文景观和传统文化的博物馆。乡野环境发展问题的提出对生态博物馆在日本的形成也产生了很大的促进作用。③

日本生态博物馆建设的原因大多是由于城市化和都市化的发展，人们越来越缺乏对日本农村的传统景观、遗产和生活方式的认知。但其运营主体和实践的方式却并不相同。平野生态博物馆主要由地方居民运营，依托地方遗迹，开放传统民居，建立多种小型博物馆，鼓励当地居民参与。平野生态博物馆的重点在于关注地方历史的认知，而非吸引游客。旭町生态博物馆主要由当地政府和商业组织运行，缺乏当地民众的直接参与。博物馆依托所在县的高山景观和果园，将葡萄园和酿酒厂都纳入生态博物馆的管理范围，借助政府的支持，挖掘和经营地方资源。当地人通过参与生态博物馆组织的活动，

---

① 弗朗索瓦·于贝尔，孟庆龙.法国的生态博物馆：矛盾和畸变 [J].中国博物馆，1986（4）：78-82.

② 王心怡.法国区域自然公园研究及对我国乡村保护的经验借鉴 [D].北京：北京林业大学，2016.

③ 大原一兴，张伟明.当今日本的生态博物馆 [J].中国博物馆，2005（3）：58-62.

对所在社区的历史和当下有了新的认识并获得了较强的认同感，并且积极参与到保护传统景观和传统生活方式的各类活动中。三浦半岛生态博物馆群位于以传统农业和渔业为主要经济支柱的三浦半岛上。博物馆由神奈川学术与文化交流组织提供建设和运行所需的财力。三浦半岛生态博物馆群由收集当地民俗的横须贺城市博物馆、展示传统捕鱼和造船的"海底生物园"、柴崎水下呼吸器博物馆、子安五村传统农业区等组成。三浦半岛生态博物馆群基于协同工作的益处，各馆及社区间共享数据和专业培训。[①] 由于各地时空内涵的深刻差异，日本农村的生态博物馆在建设的初始目标、运行主体和社区参与实践方面都有不同程度的差异。

生态博物馆的形式应该是多样和自由的，应该是最大程度适应各地特殊性的。而日本农村地区许多生态博物馆都是由中心博物馆、附属博物馆和将他们相联系的体验道路组成。这一形式与乡野环境博物馆几乎一样，并且形成一种固化的模式。除此之外，大多数生态博物馆实际面向的是游客而非当地人，生态博物馆在多数人眼里仍是文物展藏、纪念品售卖的地方。生态博物馆的内涵并没有被真正理解和接受。

日本博物馆的运营机制，特别是产业化形式值得借鉴，对激励民间资本加入有较强的吸引力。

（三）意大利乡村生态博物馆

意大利乡村生态博物馆在2000年出现，由学者与地方政府、社区和文化旅游协会共同设计方案，上报该省政府相关部门批准实施。意大利乡村生态博物馆是一种将当地的自然环境、历史文化遗产和村民的生产生活方式一体化地、整体互动式地展现给当地居民和外来的旅客，借此进行爱国主义的教育，保护和创新地持续利用自然环境和历史文化遗产的方式。[②]

博物馆建筑内部的各类历史藏品的展示仅仅是一部分，意大利乡村生态博物馆更大的展示空间在有型的博物馆外，包括整个村子的生活场景及周边自然环境，而所有社区居民都是这座博物馆的主人。博物馆为游客设计了到

---

① Peter Davis.Ecomuseums and the Democratisation of Japanese Museoligy[J].International Journal of Heritage Studies，March 2004，10（1）：93–110.

② 杨福泉.意大利乡村"生态博物馆"对云南乡村文化产业的启示[N].中国文物报,2006-6-23（5）.

往不同地点的各种路线，沿途可以看到"修旧如旧"的古代建筑，还能参观传统的农牧生活的居所和里面摆放的各类生活用品。不只是静态展示，每天都有人在这些地方演示，让游客领略到当地村民过去真实的生活情景。虽然现代生产生活方式和过去有着很大变化，但过去的田地界碑、牛厩羊圈等等都还有保留，村子周边各种植物的标本也会展示。包括各种传统节日、歌舞、服饰等文化习俗也得被保留下来，并成为意大利乡村旅游和文化产业发展的基础。一大批有着丰富历史的文化遗产和民俗遗产的村落因此得以保存，这些村落的存在极大地推动了当地的旅游业发展，生态旅游和乡村旅游也成为这些村子的重要收入来源。由于居民广泛地参与博物馆工作，除了带来经济利益外，还达到了很好的文化教育的功效，让人们记住了意大利灿烂的历史和文化，让孩子们知道自己故园的历史，了解先人们过往的经历，了解他们所创造的物质文明和精神文化。

欧洲一些国家为了更好地探索和交流生态博物馆相关研究和活动，建立了一个泛欧洲的生态博物馆网络组织"Local World"。意大利有多个生态博物馆加入这一组织，并在意大利国内注册了"Mondi Locali"，即意大利语的"Local World"，构建了本国生态博物馆资源整合、分享与交流的平台。①

意大利乡村生态博物馆的建设有诸多成功经验：一是农村传统文化与现代文明是可以有机结合的，意大利把村镇的历史文化保护得相当好，不仅丰厚了历史底蕴也收获了更多的经济利益，并且找到了现代化和历史文化遗产的联系；二是历史文化遗产尤其是活的民俗文化意识有赖于农村社区居民的保护，仅靠少数传承人或博物馆专业人员无法维系；三是以旅游业为载体的文化产业需要统筹设计规划、专业人员的指导、受培训的社区参与，不能盲目开发。

三、乡村博物馆

乡村博物馆是以乡村生活为主题的博物馆，这类博物馆多以乡村生活博物馆（museum of rural life）、民俗博物馆（folk museum）、乡村博物馆（countryside museum）为名或直接以所在地为名。欧美的乡村博物馆是最接近

---

① Maurizio Maggi.Ecomuseums in Italy Concepts and Practices[J].Museologia E Patrimonio.Vol.11.2009：70–78.

本文所述农村博物馆概念的实践形式。乡村博物馆的出现多由于工业化、城市化后人们对传统乡村和乡村生活的怀念，也因对乡村文化遗产的保护需要。许多发达国家都曾兴起乡村博物馆建设的高潮，例如日本在20世纪30年代出现的乡土博物馆运动，英国在20世纪50年代出现并在70年代到达顶峰的对乡村生活的怀旧浪潮，苏联在20世纪70年代出现的社会博物馆运动等，这期间涌现了大批乡村博物馆。20世纪70年代后，文化遗产保护向文化原生地延伸的趋势，进一步推动博物馆向乡村地域扩展。

（一）英国北约克郡乡村博物馆

英国的乡村约占全国三分之二国土面积，有着丰富的乡村文化景观。北约克郡是一个工业化程度较低的郡，辖区内约有18座乡村博物馆。这些乡村博物馆多成立于20世纪70年代后，由地方政府、慈善机构和当地居民自发建立。北约克郡的乡村博物馆植根于当地"活的历史"，通过分享先辈的生活经验，使社区民众产生地方自豪感，并保护和收藏能够反映当地乡村生活方式的典型藏品，用新颖的方式展示给参观者。

北约克郡的乡村博物馆在实践上具有一定共性，它们都透过具体的民俗物品来反映当地的日常生活。这些藏品多为社区居民捐赠之物，包括农作物、生产工具、生活用品、神话传说等等。这些博物馆都立足社区，通过聚焦社区的历史和景观，保护和展示乡村建筑、民俗和特定场景，讲述普通人的生活和社区历史，以此来激发社区民众的地方认同，参与社会调节和国家建构。[①]

北约克郡的乡村博物馆都将保存社区记忆作为重要的工作内容。保存的范围是非常广泛的，包括各种影像资料、口述历史、纸质文献等。许多乡村博物馆都设有收藏社区记忆的专门空间，如赖代尔民俗博物馆就设有专门的空间作为档案馆和图书馆，用来保存和公开用多种手段记录的当地的生活习俗和景观。

（二）德国乡村博物馆

由于对文化遗产和乡村文化的重视，德国几乎每个村子都有自己的博物馆。德国乡村博物馆以传承地方文化和维持文化的本土性为方向，展示的通

---

① 杜辉.在国家叙事与地方叙事之间——英国北约克郡乡村博物馆实践[J].东南文化，2017（6）：91-96.

常是传统农村建筑和生活场景。甚至有博物馆模拟德国古代租佃制度，将博物馆的土地租给当地居民种植，种植必须严格遵守古法，不得使用现代设施（包括化肥、农药等），同时佃农支付相应的租金。

德国利用乡村博物馆的建设来保留乡村特色，以抵御现代化、城镇化对农业地区的冲击。为维持乡村建筑的历史特征，专门设立法规，鼓励居民认购古旧建筑并进行维护。利用这些措施，很好地保持了德国的乡土特色，并形成农业和农村地区的核心吸引力。[1]

乡村博物馆、休闲农庄和市民农园是德国农业旅游的三种典型模式。德国乡村博物馆积极为游客提供观光、休闲、娱乐等综合性服务，在此过程中将农村生产、生活、生态等功能融合在一起，促进了三产的结合。德国乡村博物馆不是孤立存在的，不仅有相应法律法规支持博物馆的运行，也有配套的其他设施建设（包括交通、医院、通讯、游乐场等），方便城乡居民前来参观游玩。除此之外还特别注重居民意识的培养，包括对文化遗产的保护意识和对乡村自然环境的保护意识。在保护文化遗产和自然环境的过程中，民众的基本素质和价值观也逐渐得到提升和有益的改变。[2]

（三）美国历史农场与农业博物馆

美国历史农场与农业博物馆是一种独特的户外博物馆，它将背景不同的人群聚集到一起，通过互动的方式，再现已发生变化的农业耕作方法、理念和技术，结合教育、娱乐等方式体验农村生活，解释这些变化在历史和现代生活中的作用。[3]

最早的历史农场可以追溯到1952年马萨诸塞州的弗里曼农场出现的"老斯特布里奇村"（Old Sturbridge Village）。1970年是历史农场发展的一个里程碑，这一年在艾奥瓦州，美国历史农场与农业博物馆协会（Association of Living Historical Farms and Agricultural Museum，ALHFAM）宣告成立。美国历史农场与农业博物馆协会致力于服务历史农场、农业博物馆和生态博物馆，至2017

---

① 燕玉霞.德国农业旅游发展的经验与启示 [J]. 内蒙古农业大学学报（社会科学版），2017，19（1）：52-56.

② 林茜.产业融合背景下农业旅游发展新模式 [J]. 农业经济，2015（9）：61-62.

③ 黄颖，王思明.历史农场：农业文化遗产保护与利用的有效途径 [J]. 中国农史，2013，32（1）：96-106.

年，美国约有250座博物馆成为该协会成员，并设有官方网站。

这些历史农场博物馆与一般的农业博物馆和农家乐有所区别，每座历史农场都有独特的主题，活态的展示方式以及对特定历史时期、区域和不同类型的农业生产、生活方式的全方位展示，这些都使其特色鲜明。例如，反映垦荒开拓者的先锋历史农场（Pioneer Farm）、反映以马拉作为耕作动力的马动力农场（Horse-Powered Farm）、反映烟草经济作物种植的卡罗来纳烟草农场（Carolina Tobacco Farm）等。

历史农场博物馆可以有效立体地展示农业遗产的过去与现在，是展示、保护和利用农业文化遗产的优秀经验。一是主题明确，每个历史农场博物馆都挖掘、提炼了某个特定时间段和特定内容，紧扣主题进行展示、开展活动，将观众带入历史的时间和事件中，有很好的沉浸体验；二是遗产保护范围广，历史农场博物馆保护的是一个相对完整的复合系统，该系统包含农业生态和伴生文化，具体包括文物、遗址、文献，也包含活态的农业生产景观、聚落、民俗等等；三是社会认同度高，这些博物馆在发展过程中一直保持与当地社会高度互动与融合，与当地历史、人文和社会环境密不可分。开展包括家庭周末、成果庆祝和夏令营等活动，甚至可以给居民提供婚纱摄影、传统婚礼或其他仪式的场所，让每个家庭的成员都能非常快乐地参与到历史农场的各种活动和事件；四是合理有效的商业化，历史农场博物馆包含的文化遗产内涵非常丰富，包括许多农场、奶场、果园、采石、捕鱼等，都可以通过历史农场的展示和平台更好地将这些相关的产业推向市场，还能吸引旅游业和房地产业等。

乡村博物馆是个笼统的概念，并不绝对区别于露天博物馆或生态博物馆。我国山东省实施的"乡村记忆工程"主要借鉴了国外生态博物馆、社区博物馆、乡村博物馆，可以看出乡村博物馆虽然与生态博物馆和露天博物馆有一定重合的部分，但其侧重点并不一样。乡村博物馆更主要的特性是其所在地，以及博物馆所关注的主要内容。而露天博物馆和生态博物馆更多的是博物馆的形式。在乡村博物馆概念下更适合研究一个地区博物馆与当地社区的关系。

第四节　中国农村博物馆发展的典型案例

我国农村博物馆发展中已经涌现出一些有代表性的实践案例，东阳市花园村以村一级单位建设的"中国农村博物馆"，安吉县以县一级单位建设的"安吉生态博物馆"，山东省以省一级为单位规划建设的"乡村记忆工程"，这三种不同模式的农村博物馆分别聚焦村、县、省级行政地域，各有特点。

一、花园村的中国农村博物馆

2014年6月30日，中国农村博物馆在浙江东阳市南马镇花园村建成开馆，该馆以理论和实践、制度与发展、实物跟影像等内容和形式，反映了新中国成立以来，以名村为代表的中国现代化农村的发展历程和重大成就，[①]是以农村发展史为主要内容的农村博物馆的典型。中国农村博物馆的建立是一次意义非凡的尝试，也吹响了建设村一级博物馆的先锋号角。

花园文化广场是一个集中国农村博物馆、花园图书馆、花园游乐园以及花园剧院为一体的综合性文化广场，博物馆是该广场的核心组成。中国农村博物馆建筑面积3200m²，展示陈列分置于三层建筑中，设有政策制度馆、农村变迁馆、农村民俗馆、中国名村馆、中国江河源头馆、白村名印馆等。展馆设置及展览内容不是一成不变[②]，会根据研究的深入和需求的改变对博物馆发展包括展馆和展览的设计及内容做出适当的调整。

中国农村博物馆建成多个交流平台，每年都会举办的"中国农村博物馆年会"是村庄文化交流的平台，每次年会均有农业部领导、专家学者和村庄代表共聚一堂，商议探讨农村发展，尤其是村庄文化发展的相关议题。花园村中国农村博物馆为了充实中国农村博物馆馆藏内容和完善管理工作，发挥博物馆在村庄文化建设方面的作用，以及在更广阔的范围内推广农村博物馆建设，筹建了"中国农村博物馆研究院"，聘请了多位相关领域专家为该研究

---

① 蔡一平.中国农村博物馆被命名为科普基地 [N].新民日报，2014–11–6（2）.

② 卢曦.一座博物馆：连接过去描绘未来——中国农村博物馆发展纪实 [N].中国文化报，2014–11–29（4）.

院研究员，成为推进中国农村博物馆建设的有力平台。

中国农村博物馆是以与农村发展息息相关的土地、劳动力和资本三大要素为轴线，从与土地相关的政策制度、农民生产生活的变化和名村发展的历史等角度，展示了全国农村发展过程的印迹，保存了中国农村的历史记忆。花园村强调文化兴村，中国农村博物馆是提高村民文化素质，发展文化事业的重要组成部分，更是平衡物质文明和精神文明发展的有效手段。

中国农村博物馆是花园村以村一级为单位兴建的具备一定规模的农村博物馆，是我国农村博物馆建设的"先行者"，对于我国农村博物馆发展有诸多启示：一是农村博物馆的可持续发展离不开政策的扶持、经济的支持以及博物馆专业人员的研究工作；二是在农村博物馆发展之初寻求与图书馆、文化馆等其他文化机构共建以达到一定规模和影响力是有效手段；三是农村博物馆不仅是一栋建筑、一个机构，只有发挥其社会价值，为村庄的发展出力才能生存下去。

二、安吉县的生态博物馆聚落

安吉生态博物馆于2012年10月建成开馆，是一种由"中心馆（资料信息中心）+专题展示馆+村落文化展示馆（点）"构成的动态开放系统。布局以中心馆为信息资料的收集、研究、存储核心，并进行集中展示，各专题馆分散展示和保护多元的文化遗产和自然环境，各村落又有若干展示点。整个安吉生态博物馆聚落展出内容包含乡村文化景观、山水文化景观、民俗文化景观、产业文化景观等，突破了以历史遗产为重点的传统框架。整个博物馆聚落由村落、乡镇、县城三个级别嵌套构成，由点到面，覆盖整个县域，安吉生态博物馆可以称为继"贵州模式"和"广西1+10模式"之后的中国第三代生态博物馆。

安吉县有许多美称，"中国第一竹乡""中国转椅之乡""中国白茶之乡""全国第一生态县""全国文物工作先进县""全国生态农业示范县"等等，2012年被联合国教科文组织授予"联合国人居奖"，也成为国内首个获此殊荣的县级城市。县域内自然物产丰富，以竹海和白茶闻名，"竹产业"和"茶产业"备受重视，又有1800多年建县历史，有大量历史遗迹、遗物留存，更因安吉是移民大县，各种传统民俗与本地文化相融合，产生多彩的移民文化。安吉生态博物馆能将这些资源整合在一个系统下，并产生良性的"化学反应"是值得借鉴的地方。

安吉的农村博物馆创办之路得到了政府的大力支持和居民的积极响应，其与"美丽乡村"建设协同共进。十几个"美丽乡村"建设中的村民博物馆都整合成了安吉生态博物馆的专题馆，各村的文化展示点建设也得到政府的支持。政府用"以奖代补"的方式进行考核，根据评估验收的结果，评定相应等级，由县财政给予一次奖励性补助。根据不同规模的博物馆，给予规模较大的专题生态博物馆50万至100万元的奖励补助，给予规模较小的村落文化展示馆5万至30万元的奖励补助。除了奖励性补助，县财政另有纳入财政预算的专项基金，以年终考核奖励补助的方式用于支持各馆的日常管理，基金规模为每年200万元，并随着财政收入的增长而递增，因此各村都有很高的积极性。除了政府的政策支持和工作努力外，村民的文化自觉也对安吉生态博物馆的发展有极为重要的推动作用。安吉各地村民能理解政府文化部门的政策目的，能认同自己的文化价值并从中获益，愿意配合博物馆的建设和日常工作，这也是政府引导和地方教育水平不断提高的结果。

安吉生态博物馆在运营中产生了生态效益、经济效益和社会效益，自然和人文资源得到合理的保护、开发和利用，城乡居民的经济水平和文化需求也因此得到了平衡。安吉生态博物馆聚落的办馆模式在我国农村地区相对先进，概括来说至少有四个方面值得借鉴：一是生态资源、历史资源、人文资源和产业资源的有机整合；二是当地居民与地方政府的通力合作和"文化自觉"；三是"点、线、面"式构建博物馆群的创新理念；四是完善的制度与良性的运营模式[1]。

三、山东省的"乡村记忆工程"

习近平总书记在2014年中央一号文件中，将"乡愁城镇化"理论再度深化为"传承乡村文明"的新思想。文件明确提出在新农村建设中要"创新乡

---

[1]　潘守永."第三代"生态博物馆与安吉生态博物馆群建设的理论思考 [J]. 东南文化，2013（6）：86-93.

贤文化，弘扬善行义举，以乡情乡愁为纽带吸引和凝聚各方人士支持家乡建设，传承乡村文明"。同年，"乡村记忆工程"由山东省委宣传部、省文物局牵头，省文明办、省发改委、省财政厅、省住建厅、省农业厅、省文化厅、省旅游局联合在全省范围开始实施。山东省多部门联合在全省实施的"乡村记忆工程"，是符合中国国情的"造乡运动"，该工程的重点是保护传承文化遗产，留住齐鲁特色乡愁[①]。

工程的核心是在全省范围内根据不同地区传统文化资源及现实条件，对既有文化遗产予以保护和利用，充分利用现有场地设施建设民俗生态博物馆、社区博物馆、乡村博物馆，收集和展示富有地域特色、活态文化特色和集体记忆的文化遗产，包括乡土建筑、街区遗产、农业遗产、农业生产劳作工艺、服饰、民间风俗礼仪、节庆习俗等，加强新型城镇化建设过程中的文物保护与文化传承工作，突出城乡风貌特色，实现对文化遗产的整体性和真实性保护。

"乡村记忆工程"是文化遗产保护的创新形式，也是农村博物馆建设在以省一级为单位的行政区划内的宏伟布局。为配合工程建设，山东各级文物部门在第三次全国文物普查中加大了农业文化遗产的比重，一大批优秀的农村文化代表被公布为文物保护单位。工程实施中保护对象涵盖范围也非常广泛，不仅包括各级文物保护单位，还包括民居、祠堂、街巷、乡村大院、园林等传统建筑，具有代表性的生活生产工具及遗物遗迹，也包括乡土生产习惯、节庆习俗等非物质遗产。

工程包含以下四个方面的内涵和任务：一是保护、征集、整理和展示有地方特色的文化遗产，加强抢救性保护工作，建立相关的档案和数据库；二是发挥民俗生态博物馆、乡村社区博物馆功能，全面记录乡村的历史变迁，鼓励文化遗产持有人依托博物馆开展传承活动，唤醒当地民众保护文化遗产的意识；三是宣传新博物馆理念，提高当地社区居民参与度，形成生态文化价值观，引导居民合理发展文化产业提高生活水平；四是强化文化展示传播功能，向文化遗产保护的专业化、博物馆化方向发展[②]。

2015年5月，山东各省厅联合下文发布《关于公布第一批"乡村记忆"

---

① 苏锐 . 山东：启动"乡村记忆工程" [N]. 中国文化报，2014-2-13（1）.

② 保护传承文化遗产 留住齐鲁特色乡愁 [N]. 中国文物报，2014-2-19（4）.

工程文化遗产名单的通知》，名单中包含传统文化乡镇7个、传统文化村落171个、传统民居66个、乡村博物馆56个，共计300个。

山东省"乡村记忆工程"的实践中有许多值得借鉴参考的经验，尤其是以下几点：一是在省一级层面重视并统筹部署农村博物馆战略；二是根据农村地区实际情况灵活建设不同类型的博物馆；三是积极宣传，形成利于文化遗产保护传承，利于博物馆新理念传播的社会氛围；四是调控并平衡文化的传承保护和产业化发展间的关系。

已建成的农村博物馆数量颇多，各农村博物馆的发展更多的是结合自身的条件和特色，选择一条适合自己的可持续发展道路，既要从个体博物馆的发展入手，也要重视自上而下的法规政策和社会氛围营造。

第五节　苏南农村博物馆主要建设模式

苏南农村博物馆的发展历程中，涌现出了一些有代表性的实践案例。有的以地方经济的腾飞带动农村博物馆的发展；有的以地方政府为主导，统筹布局形成规模效应；有的以市场为试金石，在市场的考验下优胜劣汰。

一、经济为王的华西模式

（一）经济腾飞的华西村

江阴华士镇华西村素有"天下第一村"的美称。华西村满级35平方公里，人口约3万。早在2004年人均工资就达到12.26万元，是全国农民人均年收入的41.76倍。2010年全村销售额超300亿元，每户存款最低600万元至2000万元。2012年华西村第一产业向绿色农业、生态农业、观光型农业转型，第二产业涉足纺织、食品、钢铁、造船多个行业，第三产业带来的利润更是超过第一、二产业之和。

2012年，华西村斥巨资在村世界公园中以1比1的比例复制了明清皇宫的代表性建筑太和殿、乾清宫、东华门、角楼和红墙作为华西村博物馆的建筑。

一经建成便引来了世界的目光，有质疑也有赞叹。复制故宫的建筑虽然可以继续充实华西村世界公园里的"名胜古迹"，但更多的是对作为珍贵不可移动文物故宫唯一性的破坏，从审美上来讲更多的也只是低俗的"炫富"攀比[①]。

然而从博物馆与华西村的关系来说，首先要肯定华西村的经济腾飞。大多数农村地区都是因为资金缺乏难以承担修建博物馆的开支，即使建有农村博物馆的村镇，地方经济水平与博物馆的规模、藏品质量和数量也有密切关系。华西村在经济逐渐发展，村民生活富裕之后，进入到综合发展阶段，包括文化、旅游在内的其他社会事业自然成为发展的重要发展对象。博物馆作为文化基础设施机构得到了华西村的重视。

华西村博物馆位于华西公园内，背靠龙砂山。博物馆占地面积约10000m^2，主展厅按照北京故宫的太和殿与乾清宫以原比例精心打造，融合角楼、红墙等故宫经典建筑元素，展现了皇家宫殿的恢宏与精致。博物馆的藏品数量达逾万件（套），云集了从战国至明清时期的各类古陶瓷精品八百多件，还藏有大量国家级工艺美术大师的优秀作品。除此之外，馆内还展出了我国从中央到地方各级领导和社会名人的珍贵题字以及祝枝山、张大千等著名书画大师的作品，有很高的艺术价值。

华西村博物馆基本可以做到全年开放，保证了开放时间，但是博物馆需与公园捆绑，需收取一定的门票，年参观人数依然可以达到200万人次。

（二）名村办馆之路

华西村是文化经济实力强盛的名村兴办农村博物馆的典型代表，经济明显发达是这类村庄的主要特点。

苏南名村自发建成了一批农村博物馆，有华西村艺术博物馆、永联村展示馆、蒋巷村村史展览馆和江南农家民俗馆、武家嘴村史馆等。苏南名村办馆的途径大多由地方政府提供馆舍建设及运行的资金，或在资金方面给予适当优惠政策。也有一些为村集体出资建设，或是村集体与企业联合建设，例如蒋巷村的江南农家民俗馆。馆舍的建设包括建成后的运行经费多依赖本村经济收入，发展的好坏也与当地经济状况及重视程度密切相关。各馆藏品多

---

① 宋永进.从华西村"故宫"看当代大众审美[N].美术报，2012-12-15（3）.

由个人捐赠或社会征集及购买获得。各馆大多有1名专职人员负责，2~3名工作人员，极少有专业技术人员。展览也多是固定陈列，常年不更新。运营权归于村集体所有，也有与旅游公司共有的。

以常熟蒋巷村江南农家民俗馆为例，该馆位于蒋巷村生态园内，于2007年9月开馆，主馆建筑面积2000多平方米，拥有藏品2000多件。馆内展示包含江南农家生产生活的多个方面，集中展示了江南农家的风俗民情。该馆即是由政府下属旅游公司与村集体联合创办，总投资过千万①。该馆既是政府配合当地新农村建设需要建设的文化基础设施，也是地方旅游的新亮点和新增长点。该馆藏品均由当地村民沈月英提供，博物馆也需收取一定门票，门票与其他景点关联，馆内设有馆长一人，工作人员3名，专业人员1人，博物馆的运营管理权归旅游公司所有，经费则由旅游公司与蒋巷村共同承担，门票收入按比例分成。

这些村庄的农村博物馆自建成以来，已产生了良好的社会效益。各馆多已成为当地爱国主义教育基地，也在一定程度上担负起宣传、传承、保护当地文化遗产的责任，保护了乡土特色。这些名村博物馆更是对当地文化、旅游事业的重要补充，吸引了各地的游客前来参观，直接或间接增加了当地经济收入，扩大了地方知名度。

（三）华西模式的利与弊

以华西村为代表的苏南经济发达村庄的农村博物馆建设取得了一些可喜的成就，也暴露了一些问题。

对外来讲，与农村博物馆的结合给华西村等村庄提供了一个展示的平台，大多数村庄都通过实物、图片以及其他媒体方式展示了村庄发展的历史以及当下繁荣的景象，成了村庄对外宣传的一张最为生动的名片。经济强村、文化名村率先兴建农村博物馆也给其他村庄做了表率，可以起到强大的带领作用，对内而言，博物馆的建设也在一定程度上满足了物质生活水平不断提高后村民对更高水平文化生活的需求。为村民提供了休闲娱乐的去处，也提供了了解和学习村史村情的去处。建立农村博物馆可以直接保护一些文化遗产，

---

① 蒋巷村江南农家民俗馆 [N]. 常熟日报，2007–11–7（B02）.

还能提高村民的文保意识，从而间接保护更多文化遗产。

这些经济发达的名村博物馆在发展中也暴露出大多村级博物馆会出现的问题，涉及管理、藏品、展览、人才、社会开放等多个方面。

一些博物馆的管理权和经营权分属不同机构，造成日常运营混乱、权责划分不清的情况。最常见的是管理权属于地方政府，但日常运行又由村集体或者企业个人，使得这些博物馆缺乏足够自主权，工作态度消极。

博物馆的工作开展需要有较强专业性的馆员来支撑，但走访调查发现这些村办博物馆中具备专业知识技能的人员少之又少，难以支撑博物馆日常业务开展。一些博物馆中日常只有1~2名临时工作人员看管，既无法提供专业有效的讲解服务，也没有足够的教育和科研能力。很多博物馆的日常业务都无法正常开展，严重影响农村博物馆的普及和作用发挥。

藏品问题是这些村办博物馆的主要问题之一，藏品问题首先是藏品匮乏的问题。一些博物馆藏品数量较少，展览基本以图文展板为主，还有一些展馆征集展出了大量与当地人文历史无关的藏品，这些做法都不可取。藏品的保管、存放工作水平也较弱，核心还是物力和人力投入较少。

总的来说，发达的经济无疑是博物馆发展的重要支撑，但博物馆事业不仅要硬件的投入，也要软件的支撑。农村博物馆的发展也不能仅停留在对外炫耀展示的层面，更要将博物馆的业务做细，将博物馆的社会功能发挥到位。

二、政府统筹的吴江模式

2014年7月吴江区政府公布了苏州市吴江区乡风文明馆建设工作指导意见。同年9月18日，在第12个全国公民道德宣传日当天，吴江11村的11家乡风文明馆建成开放。

（一）遍地开花的乡村文明馆

第一批建成开馆的乡风文明馆就有11家，后续还有不同形式、不同地点的多家乡风文明馆建成或在建。乡风文明馆这一形式很快便在吴江农村地区形成规模和品牌效应，并向苏州其他地区传播。

首批乡风文明馆的模式都与松陵镇农创村的乡风文明馆相近。办馆形式与"村史馆"相似，该馆分6个板块，分别是概述与历史、文明、民俗、特色、展望，共计40版内容。各馆利用实物陈列、图文展板以及墙画等为表现形式，展现当地特色的农耕文化和民俗传统等多种元素。馆内的照片和实物都是村民提供，内容中出现的榜样和模范也都来自村民身边。

2016年七都镇隐读村乡风文明馆开馆，利用旧厂房改造成一座占地500余平方米的苏式风格馆舍。该馆展示了该村多种特色元素，包括农耕文化和民俗传统等。逐渐打造成该村村落文化的传承地、乡风文明的弘扬地、新型农民的培育地。另外，该馆还是村庄廉政文化建设的重要战地，馆内通过介绍吴江百贤人物故事，和辅助的廉石、莲花等场景营造廉政氛围。另外还利用实物、图文展板和模型，展示了隐读村悠久的历史与辉煌的今天，包含美丽隐读、光辉历程、太湖溇港、历史印记、特色产业、学子风采、光彩荣耀、民风习俗等九个板块。其规模和内涵已经有了一点变化，规模更大，内涵更丰富。

汾湖在龙泾村、大胜村、汾湖湾村，以及金家坝社区、大渠荡生态公园建成了5条乡风文明长廊，这是乡风文明馆的扩展形式。每条长廊的内容、风格都有所区别，但都采用了通俗易懂的宣传形式，以图文展示为主，方便群众了解当地的乡风民俗和精神文明建设成果。

2017年12月，常熟尚湖乡风文明馆开馆，馆舍由尚湖镇资深企业家、常熟市钱镠研究会会长钱仁庆会同多家企业共同出资，由钱仁庆捐出自家的住宅老房改建而成，总建筑面积1000多平方米。一个载体内有尚湖乡风文明馆、常熟钱氏名人馆两家。常熟乡风文明馆的建成也预示着这一模式向吴江以外的地区扩展。

（二）乡风文明馆的运行模式

吴江乡风文明馆的建设过程形成了一种以地方政府为主导的苏南农村博物馆建设模式，在建馆原则、展示内容、管理方式以及保障体制上已经形成了一套完整的系统。

1. 建馆原则

乡风文明馆的建设首先是贴近农民，贴近农村生活，关注农村改革发展的优秀实践和农民的思想实际，满足农民积极健康的文化需求，既能体现当地农村发展的时代步伐，又能引导和教育农民。其次，积极引导最广大农民群众加入乡风文明馆的建设当中，由村委会实现乡风文明馆的管理和发展，并鼓励社会力量积极参与。

所有乡风文明馆的内容要切合实际，挖掘当地特有的历史文化资源，尽量利用已有的设施建筑。各馆要重视当地历史民俗文化，也要注意与现代文明相结合。

各馆舍建设要有科学的规划，注重实效。依据各村不同的经济文化资源，确定合理的规模，采取不同的建设策略，制定科学的建设规划，还要充分结合吴江区"四位一体"文化服务体系建设的需求。

2. 展示内容

全区的乡风文明馆都有统一设计的标志，形成统一的吴江农民精神建设品牌。但各村各馆具体内容不要求一致，也无需有统一模式，基本在以下5种类型的范围内。

一是村史展示，介绍村庄历史沿革，历任村党组织、村委会照片，也包括本村的文化古迹、古树名木和传统建筑。二是民风展示，陈列当地各姓先贤，以及与村庄有关的家训、族谱等，包括当地的村党组织带领群众革命和改革建设的红色历史。三是励志展示，介绍本地的优秀学子、道德模范、专家能人，包括古代贤能。四是成就展示，展示新中国成立以来村庄的各项成就。五是艺术展示，展示与本村相关的文化艺术作品，包括当地的非物质文化遗产。

一个馆的展示内容往往不局限于一种类型，多是有两种或两种以上类型的内容构成，这些内容也不都是设计在场馆内，也有在馆外环境设置，比如展馆外墙。

3. 管理机制

乡风文明馆采取分级管理的制度，实行"区－镇－村"三级管理，由区文明办指导业务，各镇统筹推进，各村负责建设和日常管理。由区文明办定期对各馆进行检查指导，各区（镇）制定相应管理办法，对馆舍的管理及使用进行督查。在区级层面利用文化、科技、卫生三下乡等活动及各种志愿者服务资源，充分服务于乡风文明馆，丰富农村群众的精神文化生活。各村充分利用乡风文明馆开展各类活动，用好本土资源，传承乡土文化。

4. 保障机制

乡风文明馆的建设还需要后续的保障机制，地方政府要求各镇、村重视乡风文明馆建设，并把具体工作落到实处，利用乡风文明馆发挥实效。要求各村积极走访村内老党员、老干部以及对村历史比较熟知的老人，深挖地方历史文化底蕴，了解地方特色，力争做到"一村一品"。

在经济投入上，采取上级补助与村级自筹相结合的方式。根据各馆建设的实际规模，经验收合格后由区财政给予10万~30万的引导资金，为乡风文明馆的建设提供资金保障。

各镇、村还要在示范点的建设基础上，广泛宣传、互相学习，借鉴典型案例，发挥示范带动作用。

（三）乡风文明馆建设中的利弊

吴江乡风文明馆是政府主导，品牌化、规模化打造各镇、村建设运行的农村博物馆建设模式。乡风博物馆的建设发挥了积极的作用，在建设的过程中也积累了一些经验，同时发现了一些问题。

1. 乡风文明馆的社会功能

乡风文明馆主要发挥了如下社会功能：一是传播了现代文明，弘扬了主流的社会价值。尤其是弘扬了社会主义核心价值观和优秀传统美德，并将社会主义核心价值体系教育纳入新农村建设之中；二是全面梳理和展示了村庄的历史文化和现代发展成就，挖掘了村庄的优秀传统文化，并以此来开展各种传统文化的教育活动和知识普及活动，进一步推进农村文化资源的保护和传承；三是整理村庄古代先贤的感人事迹以及当地先进村民的典型事迹，并进行典型宣传，激励其他村民学习典型树立崇高的道德标准；四是利用乡风文明馆开展知识和技能培训，提高农民劳动素质水平，改善农民生活质量，更好地适应现代社会的知识需求；五是定期开展活动，倡导和睦友善、互帮互助的良好风尚，鼓励邻里通过道德讲堂解决纠纷，积极宣传党的各项惠农政策，建成党群沟通的新通道。

乡村文明馆逐渐成为各村镇开展节庆活动，传承民间艺术，丰富农村文化生活，培育乡土人才的重要平台。

2. 乡风文明馆的建设经验

吴江乡风文明馆的成功经验可以简单归纳为统筹规划、政府引导、发动群众、回馈群众。

　　吴江乡风文明馆的建设不是单个博物馆的个体建设行为，其首批就同时建成开放了11个馆，数量不可谓不多。之所以能实现如此的规模，离不开政府统筹规划、统一布局，博物馆作为公益机构，政府仍是最积极的资助方。

　　在各乡风文明馆的筹备阶段、建设阶段包括建设完成后的运行管理阶段都有政府部门从中引导。一方面是技术的引导，在乡风文明馆建设的各个环节联系专家，安排调研考察以及提供各种必要的知识技术支持；一方面是资金的引导，包括建设初期由政府拨付专项经费，鼓励和引导民间资金加入建设的队伍，建成后继续引导各项资金持续支持；另一方面是制度的引导，政府对乡风文明馆建设的方方面面有较高的话语权，设立规章制度，调派专人管理。乡风文明馆建设的整个过程中都有地方政府的积极作为，这也是该项目能够成功的重要保障。

　　乡风文明馆的内容深入村庄的历史和田头，乡风文明馆的活动对象和直接使用者也都是广大村民。乡风文明馆需要发动村民提供相应的历史记忆、民俗文化等内容；需要村民参与乡风文明馆的建设和管理；需要村民参加乡风文明馆的各项活动。政府只是乡风文明馆运行的推动者，乡风文明馆能不能发挥其最优社会功能还要看能不能发动最广泛的村民参与各项建设与活动，也只有这样才能最终实现乡风文明馆的社会价值，回馈当地群众。

　　3. 乡风文明馆当前存在的问题

　　吴江乡风文明馆的建设模式是值得推广的，但是在建设初期还是存在一些亟需解决的问题，概括来讲主要有专业性的问题、参与度的问题、延续性的问题。

　　乡风文明馆的运行过程缺少专职专业人员的参与，乡风文明馆本质上是政府管理人员与村民受众组合的二元体系，而缺少一定数量的专业技术人员比如博物馆专业技术人员和教育专员的缺少使得乡风文明馆的展陈方式、内容，教育活动开展等核心业务的专业性得不到保障。同时，也让乡风文明馆难以发挥其最大社会效用。

　　村民是乡风文明馆运行最主要的参与者也是乡风文明馆服务的最主要受众，村民的参与度直接决定了乡风文明馆的社会价值实现水平。乡风文明馆开馆时尚有当地村民对这一新鲜事物保有兴趣，时间不长便门庭冷落。这里的原因比较复杂，一是乡风文明馆的形式较为简单直白，体量也比较小，基本上短时间就可以参观完；二是内容虽然非常正面，但是趣味性不强，加之缺少合适的互动，难以激起村民的兴趣；三是村民的文化消费习惯决定他们暂时还不能很好地接纳这种文化形式。

一个博物馆的建成只是它的开始，并不是它的终结。乡风文明馆如何持续运行，不断更新，跟上社会发展的节奏和村民不断变化的需求才是维持其可持续发展的重要举措。当前新建的乡风文明馆较之早期建设的在建筑及形式上都有一定程度的更新，但是就具体的每个乡风文明馆的个体来说，每个馆的活跃度比较低，对上级的政策反应比较灵敏，对村民的需求反应木讷。乡风文明馆有仅作为地方文化"政绩"的危险，展示内容和展示手段无法与时俱进，乡风文明馆的活动数量、规模也较小，没有与社会各类人群尤其是在校学生形成常规性、制度性的互通互联。后续的运行经费限制也注定使得乡风文明馆捉襟见肘，寸步难行，建馆靠政府，但真正要让乡风文明馆延续下去还需要在各个方面有所突破。

三、优胜劣汰的锦溪模式

锦溪古镇有着便利的交通、丰厚的历史积淀以及"中国民间博物馆之乡"的美称。在古镇数百米的老街上聚集了十余座博物馆，堪称国内之最。锦溪模式的核心就是市场竞争，优胜劣汰，让各家民营博物馆接受市场的考验。

（一）繁荣的锦溪博物馆群落

苏南有许多古镇，大多古镇上也建有农村博物馆，但很少有古镇能像锦溪古镇这样，在它数百米的老街上就分布有十数家农村博物馆，几乎可以称得上一个博物馆群落。

至2008年，已有18家博物馆在锦溪办展，并有12家博物馆落户锦溪落户于此。在建设"中国民间博物馆之乡"后的第三年，古镇游客达到50万人次，到2008年已有92万人次之多，门票收入逾千万。

现在锦溪博物馆群落里有国内一绝的中国古砖瓦博物馆，馆内展有瓦当、滴水、屋脊构件、建筑砖、铭文砖、祭祀砖等14大类，2300多件；有收藏家薛仁生开办的囊括漆器、木雕、明清家具、瓷器、书画、杂件等多种品类的古董博物馆；有展有"文革"时期报刊、商标、传单、宣传画、招贴画以及当时出版的《毛泽东选集》，各种语录、诗歌、马列著作等的"文革"藏品陈列馆。另外还有近现代民间壶具馆、东俊根雕艺术馆、中国收藏艺术展览馆等。博物馆之乡的打造无疑振兴了锦溪古镇的旅游业[①]。

（二）锦溪模式的运行机制

旅游业是锦溪古镇的重要产业，为形成自己独有的旅游优势，锦溪旅游发展有限公司于2002年决定通过建设"中国民间博物馆之乡"发展特色古镇旅游业。

1. 主要合作模式

锦溪古镇的各家博物馆与锦溪旅游公司展开合作，由旅游公司无偿提供给各博物馆馆舍用于办展及办公使用，各馆负责人（多为民间收藏家）提供展品，并对该馆的展览提出相应方案，旅游公司根据展览需求提供免费装修。

古镇旅游采取联票制度，由锦溪旅游公司制定并出售景点联票，根据各馆的参观人次给予各馆门票分成，另外旅游公司也会给予各馆适当的经济补助。

2. 准入及淘汰机制

各博物馆在入驻锦溪古镇的时候有一定的条件限制，首先锦溪旅游公司会根据已入驻的博物馆类型和观众的兴趣所在引入相应的博物馆，对于内容和形式高度重复的博物馆不予引入。另外，对博物馆展品的数量和质量也有一定的要求，一般要求精品数量不少于50件，其他展品数量不少于500件。除此之外，每年需要更新一定比例或数量的展品。

博物馆类型的选择与合作方式的选择权力都掌握在锦溪旅游公司手上。锦溪旅游公司与各博物馆一般一年一签，每年都有相应的考核，年考核完决定是否续签。

古镇上的各家博物馆都要接受锦溪旅游公司的年度考核，考核的最重要指标就是各博物馆的参观人数，也包括展品的更新情况等。考核不通过的博物馆将被淘汰，迁出免费提供的馆舍。华夏天文博物馆和明确家居博物馆就因参观人次过少，无法达到考核标准被淘汰，迁出馆舍后很快便有新的博物馆入驻。

---

① 宋非语．锦溪与博物馆群落 [J]．中华手工，2009（11）：30–32.

（三）锦溪模式的优缺点

锦溪模式最显著的特点一是与古镇旅游紧密联系，二是引入了竞争与淘汰机制，促进了当地农村博物馆的发展。

1. 锦溪模式的优点

锦溪模式的优点是显而易见的，大量博物馆聚集在锦溪游客众多的古街上形成了较强的集群效应，成为锦溪镇重要的文化名片，极大地提高了锦溪的社会知名度，也对古镇办博物馆形成了一个很好的宣传效果，促进了农村地区博物馆建设。

其次，锦溪模式中重市场的评价与淘汰机制在当前国内博物馆中是比较少见的。这一做法自然利弊均有，但是不可否认的是，在竞争的环境下，激发了大多数博物馆的办馆激情，提高了当地博物馆的展览水平。

锦溪模式中，多是利用个人收藏建设的专题类博物馆，鼓励并吸引了一批民间收藏家，一定程度上保护和聚集了流散民间的藏品。

2. 锦溪模式的弊端

锦溪模式也带来了一些弊端，当地博物馆偏重于市场，各家博物馆受制于不够全面的评价体系，工作重心都在翻新展品和吸引游客方面，在科研与教育方面作为很少，虽然博物馆数量众多，但是博物馆没有计划性和针对性地开展社会教育工作，馆内展览的科普性也不强，多有一种展示宝贝的意味。这些民间博物馆内的藏品真真假假，很多也没有规范的标牌，观众来了也只能看个新鲜，难以了解更多准确有效的知识。科研工作更是几乎没有，仅有个别收藏家根据自己的兴趣特长做了些文物研究。

另外博物馆与当地历史文化贴合度也不够，由于引入的这些博物馆大多是以个人收藏为主要内容，因此藏品多来自全国各地，大多数的展品与当地文化并无过多关联，对宣传锦溪优秀的历史文化作用也不大。

古镇旅游的人数每年都有不小的涨幅，但回头客不会每次都来参观同样的博物馆，原先以博物馆建设振兴古镇的做法开始慢慢失去最初的效果。

（本章作者：季晨，南京师范大学2015级博士研究生）

第二章　"中国重要农业文化遗产"的保护利用

——农村博物馆资源之一

2002年联合国粮农组织发起了"全球重要农业文化遗产"发掘与保护工作项目，此后，各国便开始积极发掘本国的农业文化遗产。在这样的国际背景下我国也开始寻找发掘本国的农业文化遗产，并将其命名为"中国重要农业文化遗产"。随着发掘工作的开展，截至2015年年底，农业部已评选出三批共计62项重要农业文化遗产，而对其保护与开发利用也受到越来越多的关注，这也表明"中国重要农业文化遗产"的价值越来越高。这对于振兴乡村战略，保护利用农村文化遗产有着重要的意义。

以评定的62项中国重要农业文化遗产为研究对象，按地区分布来看，遗产散落在全国各地，但以华东地区居多；以农业类型来看，农、林、牧、副、渔皆有；而以遗产的地位来看，其中有11项被评为全球重要农业文化遗产。通过对这些遗产的分类分析，发现在其保护开发利用中存在不平衡状况。

中国重要农业文化遗产拥有着巨大的价值，因此对其保护开发要自上而下，结合各方力量，尤其是地方政府及相关部门要合理保护并积极发掘本地的遗产。此外，这些陈列在广阔大地上的重要农业文化遗产就像一座座露天的"田园空间博物馆"，因此将博物馆的管理模式引入到遗产的保护开发利用中，也有着特别的意义。

第一节　中国重要农业文化遗产综述

一、遗产的概念和内涵

（一）农业文化遗产概念缘起与界定

农业文化遗产的研究最先始于西方，早在1993年英国学者理查德·普兰提斯（Richard Prentice）对遗产分类时，将农业文化遗产定位为"人类智慧和人类杰作的突出样品"，其内容主要包括"农场、牛奶场、农业博物馆、葡萄园、捕鱼、采矿、采石、水库等农事活动"，并将农业文化遗产定义为"历史悠久、结构复杂的传统农业景观和农业耕作方式"[①]。对于农业文化遗产的概念，一般认为有广义和狭义之分，广义上的农业文化遗产是指人类在长期农业生产活动中所创造的、以物质或非物质形态存在的各种技术与知识集成。狭义的农业文化遗产是指历史时期创造并延续至今、人与自然协调、包括技术与知识体系在内的农业生产系统。学者石声汉认为，"农业遗产的概念应该包括农业活动的具体实物、工具和农业操作技术方法两部分，如农具、农书、农谚语等"[②]。农业文化遗产一般被认为是农业遗产的一部分，前者更强调农业系统的生物多样性，农业生产地的农业文化和技术知识，以及在长期的历史环境中形成的农业景观等，全球重要农业文化遗产与中国重要农业文化遗产正是属于这样的范畴。

农业文化遗产是一种"活态"的绿色遗产，它强调大自然和人类和谐共处的平衡，以及当地社会经济文化的可持续发展，从而形成的一种农业景观或者是农业系统，其中包括多样性的物种、农业景观、农业技术和知识文化等。简单来说农业文化遗产是能够代表一方农业文化的具有特色的并富有深刻意义的农业项目，它可以是一项农耕技术的传承，也可以是美丽壮阔的田园景观，还可以是现代化的农业耕作方法……它表现的不仅仅是农业方面的一项遗产传承，更重要的是其中的农业文化传承，这是一种活态的、绿色的，

---

① Prentice·R.Tourism and Heritage Attraction[M].Rout Ledge，1993.

② 闵庆文，孙业红，何露.农业文化遗产的动态保护途径[J].农民科技培训，2012（22）.

有生命的农业文化传承。

（二）重要农业文化遗产的概念和内涵

按照2002年联合国粮食及农业组织发起的全球重要农业文化遗产保护项目，将全球重要农业文化遗产定义为"农村与其所处环境长期协同进化和动态适应下所形成的独特的土地利用系统和农业景观，这种系统与景观具有丰富的生物多样性，而且可以满足当地社会经济与文化发展的需要，有利于促进区域可持续发展"[1]。粮农组织的定义强调的是"历史上创造的并延续至今的，是一种活态的农业生产系统，它不同于一般的农业遗产，更强调对生物多样性保护，是一种具有重要意义的综合农业系统，包括农业技术、农业物种、农业景观、农业民俗等多种农业文化形式"[2]。以此类推，李文华等学者给出中国重要农业文化遗产定义指"我国人民在与所处环境长期协同发展中世代传承并具有丰富的农业生物多样性、完善的传统知识与技术体系、独特的生态与文化景观的农业生产系统，包括由联合国粮农组织认定的全球重要农业文化遗产和由农业部认定的中国重要农业文化遗产"[3]。

中国重要农业文化遗产与农业文化遗产并没有大的区别，重要农业文化遗产是农业文化遗产中价值地位比较重要的一部分，是由农业部在全国范围内评选出的重要遗产。

中国重要农业文化遗产包括了农村系统的所有价值，具体来说主要是自然资产、社会资产、物质资产、经济资产、人力资产这五大方面。在李文华主编的《中国重要农业文化遗产保护与发展战略研究》丛书中将重要农业文化遗产具体的特点概括为六点："第一，它是农、林、牧、渔复合系统；第二，它还是植物、动物、人类与景观在特殊环境下共同适应于共同进化的系统；第三，重要农业文化遗产系统是通过高度适应的社会与文化实践和机制进行管理的系统；第四，它是一个能够为人类提供食物与生计安全和社会、文化、生态系统服务功能的系统；第五，它是在地区、国家和国际水平具有重要意

---

① 李文华. 中国重要农业文化遗产保护与发展战略研究 [M]. 北京：科学出版社，2016（5）：6.

② 闵庆文. 农业文化遗产及其动态保护探索 [M]. 北京：中国环境科学出版社，2012（8）：78.

③ 李文华. 中国重要农业文化遗产保护与发展战略研究 [M]. 北京：科学出版社，2001（5）：8.

义的系统；第六，它是一个正面临着威胁的系统"①。从以上这些特点可以看出，中国重要农业文化遗产并不同于一般的遗产，它有其独特性。首先，它的覆盖面很广，不单单指农田一项，更是涉及林业、牧业、渔业等复合产业。其次，它还是一个共同作用的结果，不仅仅有人类的促成作用，还离不开动植物的参与其中。最后重要农业文化遗产是一项"动态的""活态的""绿色的"遗产，它具有一定的历史继承性，并且对一方的水土文化具有重要的意义。中国重要农业文化遗产系统所富有的农业生物多样性、传统的知识与技术体系以及独特的生态文化景观，不仅在历史上推动了农业发展，保障了一代又一代的百姓生计，同时也促进了社会进步，由此演进并创造出的灿烂的中华农业文明，对我国农业文化传承、农业可持续发展和农业功能拓展具有重要的意义。

二、 重要农业文化遗产的发展历史及现状

（一）遗产发展历史

中华文明是世界上四大古老文明之一，并且从未中断过，而同样随着延续的是中华农业文明。我国历史悠久的农耕文化，以及各族劳动人民长久以来的农业生产、生活实践所总结的智慧结晶，都体现了中华民族的生命力和创造力。

我国的农业具有悠久的发展历史，随着国际对文化遗产的关注，农业文化遗产也开始受到世人关注，但是重要农业文化遗产却是近几年随着国际组织的提出才开始关注发掘。2002年联合国粮农组织启动的全球重要农业文化遗产发掘保护项目后，中国便成为最早响应并积极参与这一项目的国家之一。此外，中央对农耕文化也是高度重视，习近平总书记在中央农村工作会议上指出"农耕文化是我国农业的宝贵财富，是中华文化的重要组成部分，不仅不能丢，而且要不断发扬光大"②。这主要强调要让农业丰富起来，让农业文化遗产活起来。由此，农业部先后制定出台了"《中国重要农业文化遗产认定

---

① 闵庆文.农业文化遗产及其保护 [J].农民科技培训，2012（9）.
② 李爽.云南农业文化遗产保护和利用情况报告 [J].云南农业，2015（9）.

标准》《中国重要农业文化遗产申报书编写导则》和《中国重要农业文化遗产管理办法（试行）》等文件"①，对中国重要农业文化遗产的概念进行界定、规范其保护与管理方法，以及明确相关职责等。

2012年农业部对中国重要农业文化遗产进行发掘认定，至今已公布了三批共62项中国重要农业文化遗产，并且第四批重要农业文化遗产的发掘认定工作正在部署中。这些遗产主要包括"传统稻作系统、特色农业系统、复合农业系统和传统特色果园等多种类型，具有悠久的历史渊源、独特的农业产品、丰富的生物资源、完善的知识技术体系以及较高的美学和文化价值"②。重要农业文化遗产是文化遗产在农业方面新诞生的一项内容，对于活态乡村文化、振兴乡村发展战略有重大意义。

（二）遗产项目内容

我国农业部于2012年开始正式启动"中国重要农业文化遗产"的发掘与保护工作，截至2015年年底三批共62项农业文化遗产入选，覆盖涉及我国25个省市自治区。具体的遗产名录（图片见附图一）如表2-1。

表2-1　中国重要农业文化遗产名单

批次	时间	遗产内容
第一批	2013年5月21日	传统漏斗架葡萄栽培体系—河北宣化传统葡萄园
		世界旱作农业源头—内蒙古敖汉旱作农业系统
		南果梨母株所在地—辽宁鞍山南果梨栽培系统
		传统林参共种模式—辽宁宽甸柱参传统栽培体系
		沼泽洼地土地利用模式—江苏兴化垛田传统农业系统
		传统稻鱼共生农业生产模式—浙江青田稻鱼共生系统
		山地高效农林生产体系—浙江绍兴会稽山古香榧群
		湿地山地循环农业生产体系—福建福州茉莉花种植与茶文化系统
		竹林、村庄、田地、水系综合利用模式—福建尤溪联合梯田
		世界最早的栽培稻源头—江西万年稻作文化系统
		南方稻作文化与苗瑶山地渔猎文化融合体系—湖南新化紫鹊界梯田

① 中华人民共和国农业部.中国重要农业文化遗产发掘与保护工作评估报告 [R/OL].（2016-09-21）. http://www.moa.gov.cn/sjzz/qiyeju/dongtai/201605/t201605105122614.htm.

② 信息动态 [J].农业工程技术（农产品加工业）.2014（11）.

续表

批次	时间	遗产内容	
第一批	2013年5月21日	大面积山区稻作农业生产体系—云南红河哈尼稻作梯田系统	
		世界茶树原产地和茶马古道起点—云南普洱古茶园与茶文化系统	
		传统核桃与农作物套作农耕模式—云南漾濞核桃作物复合系统	
		传统稻鱼鸭共生农业生产模式—贵州从江侗乡稻鱼鸭系统	
		干旱地区山地高效农林生产体系—陕西佳县古枣园	
		古梨树存量最多的梨树栽培体系—甘肃皋兰什川古梨园	
		农、林、牧循环复合生产体系—甘肃迭部扎尕那农林牧复合系统	
		大型地下农业水利灌溉工程—新疆吐鲁番坎儿井农业系统	
第二批	2014年5月29日	天津滨海崔庄古冬枣园	河北宽城传统板栗栽培系统
		河北涉县旱作梯田系统	内蒙古阿鲁科尔沁草原游牧系统
		浙江杭州西湖龙井茶文化系统	浙江湖州桑基鱼塘系统
		浙江庆元香菇文化系统	福建安溪铁观音茶文化系统
		江西崇义客家梯田系统	山东夏津黄河故道古桑树群
		湖北赤壁羊楼洞砖茶文化系统	湖南新晃侗藏红米种植系统
		广东潮安凤凰单丛茶文化系统	广西龙胜龙脊梯田系统
		四川江油辛夷花传统栽培体系	云南广南八宝稻作生态系统
		云南剑川稻麦复种系统	甘肃岷县当归种植系统
		宁夏灵武长枣种植系统	新疆哈密市哈密瓜栽培与贡瓜文化系统
第三批共计23项	2015年11月17日	北京平谷四座楼麻核桃生产系统	北京京西稻作文化系统
		辽宁桓仁京租稻栽培系统	吉林延边苹果梨栽培系统
		黑龙江抚远赫哲族鱼文化系统	黑龙江宁安响水稻作文化系统
		江苏泰兴银杏栽培系统	浙江仙居杨梅栽培系统
		浙江云和梯田农业系统	四川美姑苦荞栽培系统
		安徽休宁山泉流水养鱼系统	山东枣庄古枣林
		山东乐陵枣林复合系统	河南灵宝川塬古枣林
第三批共计23项	2015年11月17日	湖北恩施玉露茶文化系统	新疆奇台旱作农业系统
		四川苍溪雪梨栽培系统	宁夏中宁枸杞种植系统
		贵州花溪古茶树与茶文化系统	新疆奇台旱作农业系统
		云南双江勐库古茶园与茶文化系统	甘肃永登苦水玫瑰农作系统
		安徽寿县芍陂（安丰塘）及灌区农业系统	

从农业部公布的这三批名单来看，自2012年开始评选重要农业文化遗产后基本是每隔一年就评选一次，并且公布的重要农业文化遗产的数量在逐年增加。另外，第一批公布的遗产的名单名称与第二、三批皆不一样，比较独特。第二、三批遗产公布名单是地名与具体农业形式相结合形成的名字，而第一批重要农业文化遗产的名单除了有地名与具体农业形式外，还有对遗产的重要特点、农业构成的描述。显而易见，自农业部开始启动该项目后，在第一批重要农业文化遗产的项目发掘上比较重视，对其名称的商榷也较严谨，同样这一批的遗产也是极富代表性的。至于评定发掘到后期简单定名，这也是重要农业文化遗产保护利用方面存在的一个问题。

（三）遗产发展现状

中国重要农业文化遗产的发掘与保护是并举的，自农业部提出开始发掘传统农业时，就同时出台了一系列的相关文件法规来确保农业文化遗产的长久传承和可持续发展，构建重要农业文化遗产动态保护与传承机制。

在农业部印发的《农业文化遗产保护与发展规划编写导则》中，提出"保护优先、适度利用，整体保护、协调发展，动态保护、功能拓展，多方参与、惠益共享"① 的规划原则，要求"各遗产地政府提高认识，加大投入，立足实际情况，确定保护与发展目标，将遗产保护与发展规划纳入当地国民经济和社会发展规划、土地利用总体规划和城乡建设规划，科学划定遗产的范围，明确农业生态保护布局、农业文化保护布局、农业景观保护布局和生态产品发展布局"②。

此外，为了科学指导中国重要农业文化遗产发掘与保护工作，农业部于2014年3月成立了包括4位院士27位相关专家在内的第一届"中国重要农业文化遗产专家委员会"。并且还由政法司牵头，出台了《重要农业文化遗产管理办法》，这也是世界上第一部国家级农业文化遗产保护的规范性文件。而在地方上，各中国农业文化遗产所在地的省、市、自治区也均配合制定了保护

① 信息动态 [J]. 农业工程技术（农产品加工业）.2014（11）.
② 中华人民共和国农业部.农业部办公厅关于印发《中国重要农业文化遗产申报书编写导则》和《农业文化遗产保护与发展规划编写导则》的通知: [A/OL].（2016-11-17）.http://www.moa.gov.cn/zwllm/tzgg/tfw/ 201307/t20130708_3516003.htm.

与发展规划，有一些地方还出台了有关管理办法。如"云南红河州颁布实施了《红河哈尼梯田保护管理办法》《云南省红河哈尼族彝族自治州哈尼梯田保护管理条例》，内蒙古敖汉旗制定了《敖汉旗全球重要文化遗产标识使用与管理办法》《敖汉小米国家地理标志产品保护专用标志使用管理办法》，河北宣化区先后出台了《关于加快葡萄产业发展的补助办法》《宣化传统葡萄园保护管理办法》和《宣化城市传统葡萄园建立标准示范漏斗架葡萄种植管理方案（试行）》等"①。

　　无论是政府出台的文件法规，还是各遗产的地方部门组织针对本地的遗产实施的措施，都是为重要农业文化遗产的保护而做努力。随着经济的大力发展以及快速推进的城镇化进程，当前很多重要农业文化遗产正陷入被破坏、遗忘的境地。

三、重要农业文化遗产的保护意义

　　中华民族在数千年的演进中，依靠独特又多样的自然条件与朴实劳动人民的勤劳智慧，创造了如今才有的这些种类繁多、特色明显，有着高度经济、生态价值的传统农业生产系统。因此这笔宝贵遗产的挖掘、保护与传承在农业文化遗产、发展乡村经济和建设美丽中国方面具有重要意义。

　　（一）对文化遗产的意义

　　农业文化遗产的提出是文化遗产的一项新内容，对其发掘与保护可以填补我国遗产保护在农业领域的空白，丰富文化遗产的内容。农业文化遗产是古人创造并传承至今的独特农业生产系统，具有丰富的生物多样性、传统的知识技术体系、独特的生态理念和文化景观，发掘这些文化遗产的价值，并加以传承和利用，除了可以填补文化遗产在农业领域的空白，还能推动农业可持续发展和农业功能的拓展，具有重要的科学价值和实践意义。

　　中国重要农业文化遗产因其独特性与生物多样性在农业文化遗产中有着重要的地位，这也同时丰富了文化遗产在农业方面的内容。发掘与保护重要农业文化遗产这不仅可以让陈列在广阔大地上的多样性农业遗产活起来，还

---

① 中华人民共和国农业部．中国重要农业文化遗产发掘与保护工作评估报 [A/OL]（2016-11-20）．http://www.moa.gov.cn/sjzz/qiyeju/dongtai/201605/t20160510_5122614.htm.

能提升遗产的知名度，对增强全社会的保护意识也有重要意义。重要农业文化遗产作为自然与人类共同创造出来的美丽景观，既存有独特的田园景观艺术这一看得见的物质文化遗产，又存有历史传统流传下来的耕作技术，以及与农耕相关的习俗文化等看不见的非物质文化遗产，因此对其进行保护与合理开发有重要意义。

（二）对发展乡村经济的意义

利用和发展重要农业文化遗产是促进贫困地区农民就业增收的有效途径，重要农业文化遗产既是重要的农业生产系统，又是重要的文化和景观资源。在保护的基础上，与生态农业、有机农业、休闲农业发展结合，既能促进农业的多功能化，又能带动当地农民的就业增收，推动经济社会可持续发展。

宣传和推广重要农业文化遗产是增强我国农业软实力的重要途径，对乡村经济的发展有着重大影响。做好农业文化遗产的发掘保护与传承利用，实现在利用中传承和保护，不仅对增强产业发展后劲，带动遗产地农民就业增收，促进农业可持续发展具有重要作用，而且对传承农耕文明，弘扬农耕文化，增强国民对民族文化的认同感、自豪感，增进民族团结和维护社会稳定，实现中华民族永续发展都具有重要意义。另外，发展重要农业文化遗产在增强遗产地产业发展后劲、带动遗产地农民就业增收、促进农业可持续发展、传承农耕文明和弘扬农耕文化方面发挥出了积极作用。农业部国际合作司姚向君副司长在总结全球重要农业文化遗产——浙江青田稻鱼共生系统建设的前期项目时说"农业文化遗产的保护与可持续利用，不仅对于维护乡村景观，保护生态多样性，传承传统农业文化，促进区域可持续发展方面有重要意义，并且在建立和谐的新时代"三农"社会和新农村中也扮演着重要角色"[①]。因此保护与发展重要农业文化遗产是推动我国农业可持续发展的基本要求。

重要农业文化遗产发掘保护在推广宣传后，其独特的生态为所在农村地区带来很大的经济价值。重要农业文化遗产本身的农产品因其品种优良、产量高等特点而受大众好评，而随着重要农业文化遗产品牌效应的推广，更加扩大了农产品的市场，从而带动农民收益增加，促进乡村经济的发展。此外，

---

① 闵庆文，张丹，孙业红. 中国青田稻鱼共生系统试点项目启动暨学术研讨会综述 [J]. 古今农业，2009（2）.

以美丽田园景观为特色的重要农业文化遗产凭其美丽景观吸引着海内外的游人前来观赏游玩，旅游带来的经济效益也丰富了乡村的经济建设发展。

（三）对建设美丽中国的意义

由于重要农业文化遗产本身具有丰富的文化内涵和独特的自然田园风貌，因此在发展休闲农业和乡村旅游方面是不可多得的重要资源，这也正迎合了近几年来提出的美丽乡村、美丽中国建设的目标。2012年，党的十八大报告提出"努力建设美丽中国，实现中华民族的永续发展"的奋斗目标，要做到实现经济、政治、文化、社会、生态和谐的可持续发展，强调应当把生态文明建设放在突出地位，尊重客观规律，以循环经济的发展模式，建立"人—社会—自然系统"三者之间的和谐发展[1]。

中国重要农业文化遗产的项目包括农、林、牧、畜、渔多个农业体系，这些项目遍布全国各地，每一项田园绿色遗产都是大自然的馈赠与人类的勤劳智慧所合作的最好作品，将其发扬光大无疑是构建美丽中国的必由之路。十八大报告提出美丽中国的建设要把生态文明建设放在突出地位，要融入经济、政治、文化、社会各方面建设，实现中华民族永续发展。重要农业文化遗产的发展与保护就是要从生态文明出发来展示各遗产的灿烂农业文化遗产，这无疑是响应美丽中国的建设方案。只有将中国重要农业文化遗产各遗产项目都保护发展好，在生态文明领域才能更好地建设美丽中国。

第二节　中国重要农业文化遗产的类别及价值

一、重要农业文化遗产的分类体系

由农业部公布的62项中国重要农业文化遗产并不仅仅指一般的农业，从内容上来看它还包括种植业、林业、牧业、渔业以及复合系统农业等等；从地区上看农业文化遗产分布我国各个省市，涉及多个民族，分布范围广，影

---

[1]　唐珂，闵庆文，窦鹏辉.美丽乡村建设理论与实践 [M].北京：中国环境出版社，2015：49.

响大。另外，在地位层次上看62项遗产中又有11项遗产被评为全球重要农业文化遗产，其评定对整个农业遗产具有重要的意义。因此本文接下来将分别从重要农业文化遗产的地区分布、内容分类、全球重要农业文化遗产分类这三部分进行系统分析。

（一）遗产地区分布

对农业部公布的62项重要农业文化遗产进行统计分析，从地区分布来看，重要农业文化遗产遍布全国各地，涉及多个民族在内。按照七大行政划区来统计（见附表2-1），华东地区共有19项遗产，约占了总数的31%，其中浙江省的重要农业文化遗产最多，达到7项之多，并且也是位居各省之首。西南地区的重要农业文化遗产共有5项；华北地区共有7项；华南地区有3项；西南地区有11项，其中云南省最多，共有6项，仅次于浙江省，主要遗产内容有红河哈尼稻作梯田系统、普洱古茶园与茶文化系统、漾濞核桃作物复合系统、八宝稻作生态系统、云南剑川稻麦复种系统、云南双江勐库古茶园与茶文化系统。另外东北地区农业遗产共有6项；西北地区共有10项。在省市分布当中拥有较多遗产的是浙江、云南、甘肃三省，分别占有7项、6项、4项。

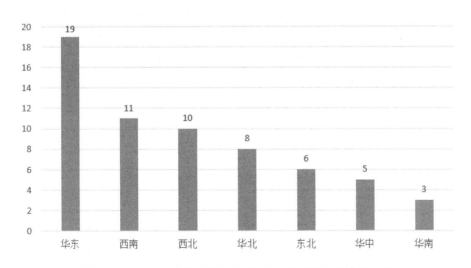

图2-1 重要农业遗产的地区数量分布（图片笔者自制）

重要农业文化遗产虽然在全国各省市分布较平均，但在有些地区仍有较大差异（图2-1）。首先，从地区上来看，华东地区的重要农业文化遗产分布数量最多，虽说这与其拥有较多数量的省份离不开关系，但是具体而言，还是华东地区的地形复杂多变。从省市来看，评选出重要农业文化遗产最多的省份——浙江省也因为其独特的地理环境而拥有多种类型的遗产内容。浙江省的地理特征丰富，山河湖海兼备，全省地形起伏较大，素有"七山一水两分田"之说。如浙江省的重要农业文化遗产中的陡坡山地高效农林生产体系——绍兴会稽山古香榧群、仙居杨梅栽培系统、云和梯田农业系统、西湖龙井茶文化系统、庆元香菇文化系统都是依靠有一定坡度的山地地形种植发展的，另外，遗产中的传统稻鱼共生农业生产模式——青田稻鱼共生系统和湖州桑基鱼塘系统（图2-2）也是对湖泊水域有一定的要求才能形成。因此因地制宜是形成多样而又独特的重要农业文化遗产重要原因之一。

图2-2　浙江湖州桑基鱼塘系统（图片来源于中国农业部官网）

　　总结来看重要农业文化遗产的评选与各地区的地理环境密切联系，比如梯田类的遗产有福建尤溪联合梯田、湖南新化紫鹊界梯田、云南红河哈尼稻作梯田系统（图2-3）、河北涉县旱作梯田系统、江西崇义客家梯田系统、广西龙胜龙脊梯田系统、浙江云和梯田农业系统共七项，梯田是在丘陵山坡地上沿等高线方向修筑的条状阶台式或波浪式断面的田地，因此其形成对地形地势要求比较高。正是因为我国独特的地形地貌环境要素，才形成了如此众多、富有特色的重要农业文化遗产。

　　（二）遗产内容分类

　　从遗产的内容来看，中国重要农业文化遗产涵盖多种类型、多种模式，现根据大农业的一般分类方法将其大致分为五大类，即种植业重要农业文化遗产、林业重要农业文化遗产、渔业重要农业文化遗产、畜牧业重要农业文化遗产以及资源利用与生态保育遗产。另外，根据遗产的具体农业资源形态以及数量分布对62项重要农业文化遗产再细分，将种植业重要农业文化遗产分为梯田垛田类、稻麦旱作物类、蔬果类三个亚类；林业重要农业文化遗产分为茶树类、果枣树类、古树群三个亚类（见附表2-2）。下面具体阐述这五种类型的重要农业文化遗产。

图2-3 云南红河哈尼稻作梯田系统（图片来源于中国农业部官网）

1. 种植业重要农业文化遗产

种植业是指栽培各种农作物以取得植物性产品的农业产业或农业生产部门，因此也称作农作物栽培业。种植业文化遗产借用联合国粮农组织对"农业文化遗产"定义的精髓可以将其定义为"农作物与其所处环境长期协同进化和动态适应下所形成的独特的土地利用系统和农业景观，这些系统与景观具有丰富的生物多样性，而且可以满足当地社会经济与文化发展的需要，有利于促进区域可持续发展"[①]。根据种植业重要农业文化遗产具体内容可以分为四部分：第一，珍稀农作物种质资源；第二，独特传统农作技术；第三，特有农业景观；第四，复合农业系统。

我国农业部公布的62项重要农业文化遗产中共有22项种植业农业文化遗

---

① 李文华. 中国重要农业文化遗产保护与发展战略研究[M]. 北京：科学出版社，2016（5）：98.

产，其中"特有农业景观"即农业中可用来观赏的部分，主要包括梯田、垛田类的重要农业文化遗产系统，主要有江苏兴化垛田传统农业系统、福建尤溪联合梯田等8项。这一类的梯田、垛田都是依据当地富有特色的地形、文化而形成的。如江苏兴化的垛田，就是一种特殊的耕地形态，其形态或方或圆，或长或短，形态各异且大小不等，它四面环水，垛与垛之间各不相连，形同海上小岛，在全镇约有三万亩这样的耕地，有几千个垛子，因此兴化也被称为"千岛之乡"，其种植以"油菜"最为盛名，清明节前后，金灿灿的油菜花在千口垛田之上盛开，异常美丽，吸引着万千慕名而来的游客（图2-4）。兴化垛田是几千年以来，当地先民开拓进取、垒土成垛，与水和谐相处的历史产物，它蕴含了大量的历史文化，是兴化里下河地区水文化的独特代表，具有较高的历史文化价值。

图 2-4　江苏兴化垛田传统农业系统（图片来源于中国农业部官网）

再如福建的尤溪联合梯田，是代代农人依托山势，用筑田岸、铲田坎的古老技术，在不同的等高线上修筑大大小小的水田，形成的一个个优良的水利灌溉循环系统，其系统模式主要是通过山顶竹林截留、存储天然降水，再以溪流流入村庄和梯田，形成特有的"竹林—村庄—梯田—水流"山地农业系统。种植业农业文化遗产中的"珍稀农作物种质资源"，即稻、麦、旱作物系统被选上的重要遗产主要有江西万年稻作文化系统、湖南新晃侗藏红米种植系统、云南广南八宝稻作生态系统等共11项。这一类型的稻、麦农作物都是祖先在漫长农业生产过程中培育出的优良品种，它们适应性强，制作出的食品也风味独特，虽然另一方面看这些稻麦作物比较单一，但却是散落在各地的珍稀农作物种质资源所保存的优良种质基因。种植业重要农业文化遗产中的另一项拥有独特传统农作技术的蔬果类主要有浙江庆元香菇文化系统、甘肃岷县当归种植系统、新疆哈密市哈密瓜栽培与贡瓜文化系统三项。

综上，包含了梯田、垛田、稻麦旱作物、蔬果类的种植业重要农业文化遗产因其丰富而独特的资源价值，对我国重要农业文化遗产的发展具有重要意义，因此，对农业文化遗产的保护也显得尤为重要。

2. 林业重要农业文化遗产

林业是国民经济中的一个重要生产部门，它不仅为国民经济提供各种重要的林产品，而且为社会提供各种防护效益，并改善生态环境。林业重要农业文化遗产也是农业文化遗产的一部分，在62项重要农业文化遗产中林业重要农业文化遗产数量最多，共有32项，占据了整个遗产的一半多，将其细分主要分为古树群类、果枣类以及茶树类，其中果树、枣树类的林业资源最多。

林业重要农业文化遗产中的古树群遗产共有3项，即江苏泰兴银杏栽培系统、浙江绍兴会稽山古香榧群、山东夏津黄河故道古桑树群（图2-5）。被评选上的这三种古树群都是有着较大的规模且拥有悠久的历史，这些树种都是历史传承下来的经过优良选种，有着特殊耕作培育技术的地方特色树种群。

图2-5　山东夏津黄河故道古桑树群（图片来源于中国农业部官网）

果树、枣树类的林业重要农业文化遗产较多，主要有河北宣化传统葡萄园、辽宁鞍山南果梨栽培系统、浙江仙居杨梅栽培系统、辽宁宽甸柱参传统栽培体系、河北宽城传统板栗栽培系统、山东枣庄古枣林等共16项。在这些遗产中，果树、枣树这些树种都是地方上具有特色的并且有一定历史的资源，如河北宣化的传统葡萄园有1300多年的葡萄栽培历史，以庭院式栽培为主，具有独特的漏斗架型特色，形成了一种特殊的文化景观（图2-6）。

图2-6 河北宣化传统葡萄园（图片来源于中国农业部官网）

再如陕西佳县的古枣园，拥有3000多年的枣树栽培历史，是世界上保存最完好、面积最大的千年枣树群。茶树类资源的林业农业文化遗产有福建福州茉莉花种植与茶文化系统、浙江杭州西湖龙井茶文化系统、福建安溪铁观音茶文化系统、广东潮安凤凰单丛茶文化系统、宁夏中宁枸杞种植系统等共13项。茶树类的农业文化遗产是62项重要农业文化遗产资源中占据最多的一类，这些茶种都具有独特的地方特色，并享有一定的盛誉，如湖北赤壁羊楼洞砖茶文化系统，是茶马古道的三大源头之一，它源于唐，盛于明清，是全世界公认的青（米）砖茶鼻祖之地，曾在民族交流过程中发挥了重要的角色。

3. 渔业重要农业文化遗产

渔文化是人类在自身发展过程中所创造出来的与水生生物、人与渔业、人与人在渔业活动及有关渔业的文化、风俗等活动之间的各种有形或无形的关系与成果。中国的渔文化源远流长，发展历史悠久，早在一万五千年前的旧石器时代就已发现与生活密不可分的渔猎文化，并被赋予了一定的原始精神意向，与信仰、宗教、社会意识形态有密切关系。现如今我国的渔业文化依然有着丰富的内涵，渔业文化遗产也遍布在全国各个省市自治区。

在农业部公布的62项中国重要农业文化遗产中渔业重要农业文化遗产主要有5项，分别是安徽休宁山泉流水养鱼系统、黑龙江抚远赫哲族鱼文化系统、浙江湖州桑基鱼塘、浙江青田稻鱼共生系统、贵州从江侗乡稻鱼鸭系统。这5项遗产并不只是单一的水产鱼塘养殖，它还包括依据地势的安徽休宁山泉流水养鱼系统（图2-7），是一种通过"森林—溪塘—池鱼—村落—田园"五个要素构成的一种生态养鱼系统，属于传统技术性劳动密集型产业。

图2-7 安徽休宁山泉流水养鱼系统（图片来源于中国农业部官网）

另外还包括稻、鱼共生的复合渔业系统，主要是浙江青田稻鱼共生系统、贵州从江侗乡稻鱼鸭系统。以贵州从江侗乡稻鱼鸭系统为例。稻田为鱼和鸭的生长提供了生存环境和丰富的饵料，鱼和鸭在觅食的过程中，不仅为稻田清除了虫害和杂草，大大减少了农药和除草剂的使用，而且鱼和鸭的来回游动搅动了土壤，无形中帮助稻田松了土，鱼和鸭的粪便又是水稻上好的有机肥，保养和育肥了地力，这样稻、鱼、鸭三者和谐共处，互惠互利。最后还包括以渔文化为主的黑龙江抚远赫哲族鱼文化系统，抚远以独特的地理位置造就了水富鱼丰的资源优势，并因为盛产鲟鳇鱼、大马哈鱼，成为中国的"鲟鳇鱼之乡""大马哈鱼之乡"，而赫哲族是一支渔猎民族，他们原始、与鱼密切相关的生活特点、饮食习惯、手工制作等特色形成了别具一格的渔文化，其中最为出名的是当地的鱼皮衣服制作文化。

4. 畜牧业重要农业文化遗产

畜牧业伴随着人类文明起源与发展，已延续数百年，是最为悠久的农业形态之一。依据全球重要农业文化遗产的定义，畜牧业重要农业文化遗产是指农村与其所处环境长期协同进化和动态适应下所形成的，并传承至今的以畜牧业为主的复合系统或单独的畜牧业生产系统，其主要内涵包括各种畜禽物种资源、传统畜牧业生产知识与技术体系、与畜牧业相关的文化现象等内容。畜牧业文化遗产并不是强调单一的畜牧业物种或组分，而更强调的是系统的问题，以及注重对当地生物多样性及景观格局的保护。

我国的畜牧业遗产主要是农耕畜牧业文化遗产与草原畜牧业文化遗产，主要分布在我国北部、西北部地区，但是入选农业部的62项重要农业文化遗产的畜牧业文化遗产只有一项，即内蒙古阿鲁科尔沁草原游牧系统（图2-8）。科尔沁草原是一片历史悠久的天然牧场，自古以来就是游牧民族狩猎和游牧活动的栖息地。它充分利用大自然恩赐的资源和环境来延续游牧人的生存技能，人和牲畜不断地迁徙和流动，既能够保证牧群不断获得充足的饲草，又能够避免长期滞留带来的草地资源退化，形成了牧民—牲畜—草原（河流）这三者天然的依存关系。畜牧业文化遗产虽然入选的只有一项，但是在我国领土上还是有多种多样形式的畜牧业资源存在，在以后的重要农业文化遗产的评选中会一一突显出。

图2-8 内蒙古阿鲁科尔沁草原游牧系统（图片来源于中国农业部官网）

5. 农业资源利用与生态保育遗产

农业资源利用与生态保育遗产主要研究的是具有悠久发展历史的传统农业种植方式下的农业生产系统，其研究的重点是这些传统农业如何高效利用生物资源、土地资源、光热水资源等。

一般认为，农业遗产资源利用与生态保育是农民根据当地的气候、地形、土壤等自然条件，经过长期的实践摸索创造出的一整套具有地方特点的、科学生态的自然资源利用方式。因此，农业资源利用与生态保育遗产有一种"就地取材""因地制宜"的特点。资源利用与生态保育遗产可以分为资源利用与生态保育两方面，农业遗产的资源利用主要有土地资源利用与管理、水资源利用与管理、生物资源综合利用、农业景观资源利用等。比较突出的遗产主要有安徽寿县芍陂（安丰塘）及灌区农业系统、新疆吐鲁番坎儿井农业系统。其中坎儿井是吐鲁番绿洲特有的文化景观（图2-9），至少已有两千年的历史，是古代吐鲁番劳动人民改造自然和利用自然的杰出成就，其总长度约五千公里，几乎赶上了黄河、长江的长度，它是世界上最大的地下水利灌溉系统，被称为中国古代三大工程之一，是一种利用地面坡度，引用地下水的一种独具特色的地下水利工程。

图 2-9　新疆吐鲁番坎儿井农业系统（图片来源于中国农业部官网）

重要农业文化遗产以内容分类并不是固定不变的，尤其在农业资源利用与生态保育遗产分类中，多种其他类别的遗产因其独特的生态系统也可以属于农业资源利用与生态保育遗产这一分类中。

（三）全球重要农业文化遗产

自2002年联合国粮农组织发起了"全球重要农业文化遗产"保护项目后，截止到2014年底全球共有13个国家31项传统农业系统被列为全球重要农业文化遗产，这些遗产主要分布在亚洲、非洲以及南美洲，入选的国家中中国被选入的遗产项目最多共有11项（如下表2-2）。世界各国的重要农业文化遗产具体情况介绍如下。

表2-2　全球重要农业文化遗产名录

全球重要农业文化遗产		
国家	数量	内容
日本	5	能登半岛的山地乡村景观 佐渡岛的稻田—朱鹮系统 静冈县的传统茶—草复合系统 大分县的国东半岛林—农—渔复合系统 熊本县的阿苏可持续草地农业系统
韩国	2	青山岛板石梯田农作系统 济州岛传统农业系统
印度	3	藏红文化系统 科拉普特传统农业系统 喀拉拉邦库塔纳德海平面下农耕文化系统
菲律宾	1	伊富高稻作梯田系统
秘鲁	1	安第斯高原农业系统
坦桑尼亚	2	马赛游牧系统 基哈巴农林复合系统
伊朗	1	伊斯法罕省卡尚的坎儿井灌溉农业遗产系统
阿尔及利亚	1	埃尔韦德绿洲农业系统
突尼斯	1	加法萨绿洲农业系统
摩洛哥	1	阿特拉斯山脉绿洲农业系统
肯尼亚	1	马赛草原游牧系统
智利	1	智鲁岛屿农业系统

1. 世界其他国家的全球重要农业文化遗产

日本入选的全球重要农业文化遗产共有5项，能登半岛的山地乡村景观（图2-10）是以乡村与沿海景观相结合，除了山林、梯田、牧场、灌溉池塘、村舍等农业景观外还有水稻种植、稻谷干燥、传统捕鱼等传统技术。佐渡岛的稻田—朱鹮系统曾被认为是野生朱鹮的最后栖息地，它不仅具有丰富的农业生物多样性和良好的生态环境，同时也成了朱鹮的生存乐园。静冈县的传统茶—草复合系统是一种典型的绿茶生产与草地管理相结合的传统农业系统，草与茶的结合维持了茶园丰富的生物多样性。大分县的国东半岛林—农—渔复合系统是由橡木林、农田和灌溉池塘组成，其突出的农业生产是利用锯齿橡木原木进行香菇栽培。最后日本熊本县的阿苏可持续草地农业系统是当地人对寒冷高地的火山土壤进行改良，并建造出草场用于放牧和割草，形成了当前水稻种植、蔬菜园艺、温室园艺和畜牧业相结合的多样化的农业生态系统。

图2-10　能登半岛的山地乡村景观（图片来源于日本农林水产省官网）

韩国的2项是青山岛板石梯田农作系统和济州岛传统农业系统，板石梯田是青山岛人长期努力建成的人造梯田，其典型特征是由石块堆砌而成的涵洞，从而能维持地表及地下灌溉和排水系统。韩国济州岛传统农业系统是利用当地济州岛特殊的地质地形，用土壤中的石头建成石墙来防风固土，这些石墙为当地的农业生物多样性的保存、优美农业景观的维持及农业文化的传承做出了巨大的贡献。

印度的3项是藏红文化系统、科拉普特传统农业系统以及喀拉拉邦库塔纳德海平面下农耕文化系统。其中印度的藏红文化系统已有两千五百多年的历史，此外藏红花也是世界上最昂贵和最珍贵的香料，并具有医疗、美容、调味等作用，同时该系统它本身也承载着令人赞叹的艺术、文化、景观及农业技术。印度的科拉普特传统农业系统具有全球重要而丰富的农业生物多样性而闻名，它包括340种地方品种的稻谷。另外，印度的喀拉拉邦库塔纳德海平面下农耕文化系统一个三角洲地区，回水区。河流、水稻田、沼泽、池塘、园地等各种类型的生态系统镶嵌分布，是印度唯一海平面下种植水稻的地区；菲律宾的伊富高稻作梯田系统，该梯田具有两千多年的历史，被誉为"世界第八大奇迹"，该田主要种植水稻。

秘鲁的安第斯高原农业系统，被认为是世界上最具有多样性的生态环境之一，该系统具有丰富的生物多样性，尤其是有众多的根茎类作物；智利的智鲁岛屿农业系统，该地是世界马铃薯的起源中心，现存的马铃薯种类也约有200多种，这些传统马铃薯品种对于当地的食物安全非常重要，也是改良全球范围马铃薯品种的基因库。

坦桑尼亚的2个系统，即马赛游牧系统，在这系统中人类和野生动物和谐相处，具有维持生计和宝贵的自然和文化遗产的作用。另外的基哈巴农林复合系统，该系统中的植被一般分为四层，最上边为稀疏的树木，其下为香蕉树，再下为咖啡树，最下一层为不同种类的蔬菜或攀缘植物；阿尔及利亚的埃尔韦德绿洲农业系统，主要特点是存在若干盆挖式的种植坑；突尼斯的加法萨绿洲农业系统，适应当地恶劣的条件而形成的独具特色的绿洲灌溉方式；摩洛哥的阿特拉斯山脉绿洲农业系统，该系统有着丰富的动植物资源及多种自然景观以及丰富的农业生物多样性（图2-11）；肯尼亚的马赛草原游牧系统，主要位于肯尼亚卡贾地区，有着超过1000多年的历史；伊朗的坎儿井灌溉系统，是一种有着近3000年历史的古代农田灌溉网。

图 2-11 摩洛哥的阿特拉斯山脉绿洲农业系统（图片来源于联合国粮农组织官网）

2. 中国的全球重要农业文化遗产

中国入选全球重要农业文化遗产的项目共有 11 项，具体如表 2-3 所示。

表 2-3 中国入选的全球重要农业文化遗产

名称	入选时间	所在地区
青田稻鱼共生系统	2005 年	浙江
万年稻作文化系统	2010 年	江西
哈尼稻作梯田系统	2010 年	云南
从江侗乡稻鱼鸭系统	2011 年	贵州
普洱古茶园与茶文化系统	2012 年	云南
敖汉传统旱作农业系统	2012 年	内蒙古
绍兴会稽山古香榧群	2013 年	浙江
宣化传统葡萄园	2013 年	河北
福州茉莉花种植与茶文化系统	2014 年	福建
兴化垛田传统农业系统	2014 年	江苏
陕西佳县古枣园	2014 年	陕西

浙江的青田稻鱼共生系统的种养模式具有高效的生态性，鱼为水稻除草、除虫、耘田松土，水稻为鱼提供小气候、饲料，减少化肥、农药、饲料的投入，鱼和水稻形成和谐共生系统，这种模式拥有1200多年的悠久历史，并孕育出了灿烂的田鱼文化。江西万年稻作文化系统中江西万年县享有"世界稻作文化发源地""中国贡米之乡""中国优质淡水珍珠之乡"的美誉，并经中美联合农业考古发掘，认定其为当今所知世界最早的栽培稻遗址。云南哈尼稻作梯田系统，拥有独特的灌溉系统和奇异古老的农业生产方式，是一种以江河、梯田、村寨、森林为一体的良性原始农业生态循环系统，它依山建田，森林在上、村寨居中、梯田在下，而水系贯穿其中是其主要特征。贵州从江侗乡稻鱼鸭系统（图2-12），主要是稻田为鱼和鸭的生长提供了生存环境和丰富的饵料，鱼和鸭在觅食的过程中，不仅为稻田清除了虫害和杂草，大大减少了农药和除草剂的使用，而且鱼和鸭的来回游动搅动了土壤，无形中帮助稻田松了土，鱼和鸭的粪便又是水稻上好的有机肥，保养和育肥了地力，形成了一种稻、鱼、鸭三者和谐共处，互惠互利的形态。

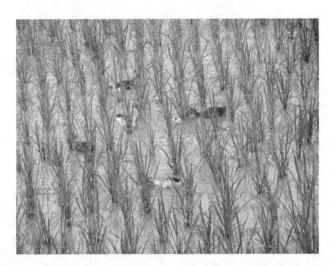

图 2-12 贵州从江侗乡稻鱼鸭系统（图片来源于中国农业部官网）

云南普洱古茶园与茶文化系统（图2-13）中普洱市是世界茶树的原产地之一，也是野生茶树群落和古茶园保存面积最大、古茶树和野生茶树保存数量最多的地区，具有多样的农业物种栽培，农业生物多样性及相关生物多样性丰富。内蒙古敖汉传统旱作农业系统中，敖汉是中国古代农业文明与草原文明的交汇处，有八千年的历史文化遗存，保留原始农业种植形态，是世界农耕文明的源头，其中杂粮生产是其优势产业，盛产谷子、糜黍、荞麦、高粱、杂豆等绿色杂粮。浙江绍兴会稽山古香榧群，古香榧群从2000多年以前就开始嫁接培育，历经千年仍硕果累累，堪称古代良种选育和嫁接技术的"活标本"。福建福州茉莉花种植与茶文化系统是古人充分利用自然资源，在江边沙洲种植茉莉花，以及在海拔较高的高山上发展茶叶生产，逐渐形成适应当地生态条件的茉莉花基地。陕西佳县古枣园，有着3000多年的枣树栽培历史，佳县也有着底蕴深厚的红枣文化历史，是世界上保存最完好、面积最大的千年枣树群，有天下红枣第一村的美称。

图 2-13　云南普洱古茶园与茶文化系统（图片来源于中国农业部官网）

中国的重要农业文化遗产能够被选入全球重要农业文化遗产的试点有其一定的特殊性。全球重要农业文化遗产的评选基本标准一般是"以水稻、玉米和块根作物、芋头为基础的农业系统以及游牧与半游牧系统、独特的灌溉和水土资源管理系统、复杂的多层庭园系统和狩猎—采集系统等"。一般而言，这些标准的农业生产系统是农、林、牧、渔相结合的复合系统，是植物、动物、人类与景观在特殊环境下共同适应与共同进化的系统，并且是能够为当地提供食物与生计安全和社会、文化、生态系统服务功能的。虽然全球重要农业文化遗产是在全世界范围内评选，但目前只有亚洲、非洲、南美洲的一些国家的农业文化遗产入选，究其原因，一方面与入选国家的具体地形特征、农业生物多样性特色离不开关系，另一方面与遗产的濒危性和亟待保护的状态离不开关系。而就我国而言，之所以有这么多的重要农业文化遗产入选，是因为中国入选的这些重要农业文化遗产无一不满足以上这些标准，并且中国历来是一个延续至今从未中断过的农业大国，有着丰富多样的农业生态系统；再者，中国地域广阔并有着丰富多彩的地形地貌，这为多样性的农业生态系统提供了基础。此外，全球重要农业文化遗产的试点入选还离不开政府与各部门组织的重视与投入，中国也是最早积极响应联合国粮农组织项目的，并且开始开展国内的重要农业文化遗产评选的国家。

二、 重要农业文化遗产的价值分析

重要农业文化遗产作为文化遗产的一种类型，也具有世界自然和文化遗产一样的"突出的普遍的价值"，不同的是农业文化遗产是以活态性、复活性、多形性、濒危性、可持续性为主要特点，故其"突出的普遍的价值"有着自己的内涵，主要表现在生态与环境价值、经济与生计价值、文化与艺术价值以及旅游资源价值等方面。

（一）基于农业产业形式的生态、经济价值

无论是一般农业文化遗产还是重要农业文化遗产，生态环境价值都是其最重要最具特色的功能之一。首先，农业文化遗产都具有丰富的生物多样性，无论是种植业遗产还是林业、渔业、畜牧业文化遗产，它们都是地球生态系统的主体，对整个世界的生态环境起着重要的调节作用。以林业文化遗产中的浙江绍兴会稽山古香榧群为例，历史悠久的香榧树群在维持绍兴地区的水土保持、气候调节、净化环境、固碳释氧方面发挥着巨大的作用。

重要农业文化遗产的经济价值主要来源于社会需求。自古以来都是"民以食为天"，农业在满足自身需求后，往往是走向市场，由于这些入选为重要农业文化遗产的农业系统都是历史悠久或品种优良或独具特色，所以在整个社会的声誉会优于同类一般的农业系统，从而在其农业产品的市场化方面更具优势。在带来市场经济价值外，重要农业文化遗产往往还因其特殊性，如景观资源类或是具有特殊民族特色和区域风格的遗产，而给当地的文化产业以及旅游业的发展兴起带来重要的经济价值。

（二）基于文化遗产性质的文化、艺术价值

同一般的文化遗产一样，重要农业文化遗产也具有艺术与文化价值。中国作为四大文明古国之一，并且是一个农业大国，故而有着悠久的农业历史，这些入选的重要农业文化遗产一般都有着悠久的历史，如拥有1300多年的河北宣化的传统葡萄园；还有两千多年以前就开始嫁接培育，历经了千年仍硕果累累的浙江绍兴会稽山的古香榧群；再如云南红河哈尼梯田的1300多年的耕种历史……这些重要农业文化遗产少则百年的历史多则是上千年的历史，因此都具有丰富的历史文化传承价值。随着历史传承下来的不仅仅是经过一代又一代改良的耕种培育技术，更有随之流传的丰富的独具特色的地域文化、农耕文化。

重要农业文化遗产衍生的艺术文化价值也是巨大的，这些美丽的田园景观本身就可以称为一个巨大的艺术品。像梯田、垛田等景观类的农业文化遗产皆因其美丽而壮观的田间景观而吸引众多游人。如湖南新化紫鹊界梯田集自然美、古朴美、形态美、文化美于一体，兼有广西龙胜梯田的秀美、云南哈尼梯田的大气、菲律宾巴纳韦梯田的险峻，特色分明、风格独特，素有"梯田王国"之美誉。再如河北宣化的传统葡萄园以一种漏斗式的搭架方式而闻名，整个葡萄架身向上倾斜，呈放射状，形成一种"内方外圆"的优美而独特的漏斗架，比较适于观赏和乘凉休闲，这种架形的优势是：光能集中、肥源集中、水源集中，具有抗风、抗寒等特点。可以说这都是一代又一代的农耕人留下的艺术瑰宝，因此这些重要农业文化遗产都具有巨大的艺术价值。

（三）基于农业文化遗产景观性质的旅游资源价值

重要农业文化遗产因其独特的景观价值而具有巨大的旅游资源价值。另外，随着城市化、城镇化的推进，越来越多的农村人放弃田间劳作选择进城务工，对于年轻一代的人而言，田间农作物与田野劳作只存在照片或视频中了，因此游览观赏乡间美丽田园成为当今很多城市人的旅游新选择，而众多的重要农业文化遗产也成了他们的首选。

如江苏兴化的垛田景观在其垛田地区有万岛耸立、千河纵横的独特地貌和独特景色。目前为止，除了江苏兴化，在国内甚至国际上都没有发现其他地方存在这样的垛田形式。而随着现代化以及旅游业的发展，兴化垛田的油菜花已逐步被世人了解，而垛田的旅游也是变得日益火爆了。除了最为盛名的堪称世界一绝的油菜花景观外，垛田的其他景观也具有独特的风景，如夏秋季节的满垛碧绿、瓜果飘香的景象；冬天的白垛黑水，满目圣洁也是让人神往。也难怪著名作家贾平凹来垛田后感慨道："有如此灵性的垛田，施耐庵写出那部不朽的《水浒传》也就不足为怪了"。

作为景观性资源的农业文化遗产的遗产特质与价值内涵，都具有极好的旅游资源，具有巨大的旅游开发潜力。这也使这一类的农业遗产具有了高层次的文化娱乐价值，而有时这些文化娱乐价值所创造的价值甚至可能会远大于其本身农业所提供的物质生产价值。

第三节　中国重要农业文化遗产的保护与利用

一、遗产保护现状及存在的问题

（一）保护现状

作为一个历史悠久的农业大国，几千年的发展中我国形成了独特的农业生产方式、技术、体系，有着丰富的重要农业文化遗产。然而随着现代化社会的发展，重要农业文化遗产正面临着越来越多的威胁和挑战。近代以来随着工业化的快速发展以及科技进步的速度不断加快，大量的科技因素被运用在农业生产中，如大量的机械、化肥、农药等广泛的投入使用，使农耕地的土地肥力逐渐丧失，土地的酸碱失衡。另外还有许多历史悠久的传统耕作方式以及生产方式正逐渐被现代化手段取代，大量的传统物种、技术逐渐失传、消失。此外，随着市场经济的快速发展，越来越多的年轻人都放弃繁重的田间劳作而选择进城务工，这就使农田的打理与维护丧失大量的劳动力，致使农田荒废。

就农业部入选的这些重要农业文化遗产来看，这些遗产已经较一般的农业文化遗产而得到大众的关注，对其保护也是比较重视的，整体而言带来了比较可喜的结果，比如湖南新晃侗藏红米稻作系统。从2008年初，新晃开展发掘当地文化资源活动，"侗藏红米"就引起了当地政府及各部门的高度重视，进而开始对其进一步地发掘保护，做好适当的推广实验种植，在一系列的整治维护下新晃红米的产量有了大幅度地提高，究其原因是稻田全部以绿肥为主，实行统一时间的浸种育秧、统一水源灌溉、统一时间移栽管理等"统一模式"，此外，为解决劳动力不足问题，新晃政府提出"专业合作社"的种植管理模式，进行规模化种植的生产问题，这就大大提高了原生态侗藏红米稻种植效率。

虽然重要农业文化遗产的保护方面有很多可喜的一面，但仍有不少重要农业文化遗产正面临着严重的威胁。比如广西的龙脊梯田近年来由于劳动力资源的不足、水资源的浪费以及土地利用竞争等原因使其保护与传承面临着严峻的挑战。龙脊梯田除了劳动力的大量流失以及劳动力老龄化的趋势加强外，近年来由于梯田的美丽景观吸引大量游客前来观赏，不少的劳动力从田间地头转向旅游服务业，疏于田间管理，使得梯田塌方、撂荒开始出现。另外，以水田为主的龙脊梯田也因灌溉水源的日益匮乏、浪费以及水质的严重污染而导致许多水梯田变为旱田或直接退出历史舞台，这些问题都严重地威胁着农业的生态环境，亟需解决。

总体来看62项中国重要农业文化遗产的保护现状在政府部门、地方组织等合作下，其结果还是比较可观积极的。虽然也有令人担忧的一面，但无论是哪一方面都需要高度重视，区别对待。对于比较乐观的那一类遗产，在维持好现状外也要不断发掘其新价值，开发其更大的经济文化效益。而对于那些目前保护情况不容乐观的遗产也需要积极整治保护，明确重要遗产保护的相关标准。

（二）保护方面存在的主要问题

自三批中国重要农业文化遗产公布后，农业部便委托中国重要农业文化遗产专家委员会对目前中国重要农业文化遗产的发掘保护工作进行评估，从其结果来看，在重要农业文化遗产的保护方面目前仍存在很多问题。

首先，农业部目前只是评选出了三批共62项重要农业文化遗产，但中国是一个农业大国，并且历史悠久，有着丰富的农耕文化。显然目前评选出的重要农业文化遗产并不能代表全部，所以在保护方面存在的首要问题就是对全国范围内的重要农业文化遗产数量摸不清。目前，农业部及其他各部门都未对全国范围内的农业遗产进行系统普查，另外，各地方部门也没有对本地的农业文化遗产进行核查上报。此外，评估机构也没有对这些农业文化遗产进行全面科学评估定级，这也就使得全国范围内的重要农业文化遗产的数量不清。因此，重要农业文化遗产的发掘与保护需要自上而下与自下而上两个方面进行改进。虽然目前采取的是由地方申报的方式，集中申报一批、批准一批的评选方式，但这仍是属于农业文化遗产保护工作的初级阶段，放眼全国的农业文化遗产，这样的评选审核方式比较慢，也不利于重要农业文化遗产的全面系统保护。

其次，目前农业文化遗产保护的制度建设还是不够完善，仍然需要不断向前推进。虽然农业部出台了《重要农业文化遗产管理办法》等一系列法规制度，但真正落实好这些政策仍有很长的路要走。有些重要农业文化遗产依照政策等指令开始发掘并保护，但当前最紧迫的仍是缺少生态与文化方面的补偿措施。比如在林业重要农业文化遗产方面，传统林业经营技术方法失传，许多林农为了眼前的经济效益，改用高强度的机械化以及大量使用化肥农药的经营模式，这些都对当地的林业生态系统造成了无法挽回的破坏。从文化传承方面来看，随着当前中国的经济快速发展带来了更多的机遇，许多的年轻人更热衷于进城打工，这就使得遗产地的传统农耕生活对年轻人缺乏吸引力，导致很多传统农耕栽培技艺的传承人面临着后继无人的状况，也许这就需要政府相关部门实施一些鼓励政策来培养年轻的传承人。

再次，重要农业文化遗产保护的组织机构尚不健全。目前，仅有部分遗产地成立了农业文化遗产保护的专门机构，比如内蒙古敖汉旗成立了农业文化遗产保护与开发管理局，云南红河州成立了梯田管理局等等。但是其他大部分的农业文化遗产仍在农业部门或者文化部门管理，缺少专职工作人员管理维护。另外，在保护管理上还存在着多头管理，导致的保护效率低下的结果，这主要表现在风景名胜区、文物等文化遗产分别归属不同的上级主管部门控制，但另一方面，地方政府又是事实上的保护管理主体，其行为在很大程度上影响着文化遗产的工作。对于一些比较重要的农业文化遗产，尤其是会带来很高旅游经济价值的农业遗产，往往会有多个部门主体投入管理，这反而使遗产地的保护工作带来推诿或真空，从而使得遗产地的保护工作质量大大降低，这就急需建立明确完善的保护组织机构。

最后，各个重要农业文化遗产地所在地的经济发展水平很不平衡，这就使得遗产地之间保护与传承工作存在较大的差异。从重要农业遗产的分级来看，有一些遗产既是中国重要农业文化遗产又是全球重要农业文化遗产的农业遗产，其在保护发掘的政策制定与经济扶持上要比一般的重要农业文化遗产获得更多的关注与扶持，尤其是一些刚刚获评的重要农业文化遗产地以及经济条件相对较差的遗产地，它们由于地处偏远、交通闭塞，遗产地民众文化水平不高，以及基层政府资源有限，在资金扶持政策上往往捉襟见肘，举步维艰，面临很大困难。而从地区上来看，往往是沿海发达地区的重要农业文化遗产会得到当地政府的大力支持，比如浙江、江苏的重要农业文化遗产，都是在地方政府部门的关注支持下进行合理开发与发掘。而对比于内陆地区的一些重要农业文化遗产往往是心有余而力不足。

二、 国外重要农业文化遗产的保护利用案例借鉴

随着联合国粮农组织评选全球重要农业文化遗产后，世界各国都开始关注本国的农业文化遗产，并对其保护与发展做出诸多努力。本文以日本与韩国的重要农业文化遗产的保护利用为借鉴案例，从而启发我国重要农业文化遗产的保护开发利用，文中引用的日韩案例主要来自各国农业部网站。

（一）日本的田园空间博物馆

日本被选入的全球重要农业文化遗产共有5项，除此之外在国内仍有多项农业文化遗产在候选中。对于这些位于乡村的农业文化遗产，日本以一种田园空间博物馆的形式进行开发管理。

农村本就是一个具有美丽丰富的自然景观的存在，长期以来人们根据日积月累的农业传统和文化习俗等，形成了当地独具特色的乡村文化，这就使得组织农村地区成为一个"没有屋顶的博物馆"，日本对农业遗产以及整个乡村的保护利用的做法是建立"田园空间博物馆"。

以2011年入选全球重要农业文化遗产的石川县的"能登半岛山地与沿海

乡村景观"为例。被称为"安宁之乡"的能登所建的田园空间博物馆以"自然和传统文化的宝库"为乡村地区主题。主要将农业、农村的生活,通过"水""土""里"互相交织的地域资源(图2-14),从历史、文化的角度展现在世人面前。

图 2-14 日本能登乡村主题博物馆(图片来源于日本农林水产省官网)

在农业上,利用山地乡村景观吸引着众多游客前往,在其数千亩水稻梯田的栽种、收割中,每年都会招募大量的志愿者前往体验劳动,这不仅解决了劳动力不足的问题,而且还能将传统农业技术传承下去、传播出去。另外,由于近年来先进化机械化的投入使用,能登高根尾地区村落周边山林间的传统伐木方法逐渐消失,所以在当地部门组织下建立的"西村义树"俱乐部来继承传统农耕方法,并且还组织大量的儿童参与其中,让他们去学习体验[①]。

因此能登也被日本国土厅认定为景观保存最好的"水之乡"。以村庄为主体的能登田园空间博物馆被分割成几个部分,有体验收播水稻的农事体验活动,有为传承传统农耕技术成立的乡间俱乐部供年轻人学习交流,还有与大自然亲近交流的男女瀑布供游人玩乐,最后还有从农田文化出发的石仁山祭、舞祭来拉近人与土地的距离。另外在整个村庄中还建有"罗汉柏交流馆"这一核心设

---

① 日本农林水产省.日本的世界农业遗产认定地域[EB/OL].(2016–11–21).http://www.maff.go.jp/j/nousin/kantai/giahs_3.html.

施来进行一些与农事相关的演艺活动，以及展示、促销相关的农副产品。

日本的田园空间博物馆从历史文化的角度对整个乡村空间进行设计规划，并以"原汁原味"为主旨，创造出有魅力、吸引力的美丽田园空间。这不仅对农业文化遗产的开发有积极的帮助，而且在遗产保护上也发挥了重要作用，尤其是对一些传统农耕技术、方法的传承方面。像这样的田园空间博物馆国内也是可以借鉴的。

（二）韩国的乡村主题旅游

韩国自2011年开始启动重要农业文化遗产保护工作以来，至今已有两项农业文化遗产入选全球重要农业文化遗产，另外韩国本土也开展了国家级重要农业文化遗产的认定。韩国对于这些重要农业文化遗产的保护有着自己的经验。

从政府部门来看，主要是确定了由政府主导，多方参与的保护思路。在被认定的重要农业文化遗产中由韩国农林畜产食品部提供经费，用于支持重要农业文化遗产的恢复、保护及环境整治和旅游配套设施建设。另外韩国注重对农业文化遗产的动态保护与多功能利用途径，通过对农村空间的灵活利用，创造更多的附加收入，形成遗产产业促进旅游业的发展。这些位于农村中的农业文化遗产另一方面也带动了乡村旅游的发展。而这些农业景观除了给游客带来壮观新奇的视觉冲击外，游客也更加倾向于乡村"体验旅游"，因此韩国的乡村主题旅游近来比较火热，以乡村农事为主题的博物馆也是受到游客的热捧。比如利川猪博物馆（图2-15）以猪为主题，为游客们准备了各式各样的表演和体验活动，诸如猪运动会、猪秀、抱猪体验、手工香肠制作等。这种参与性的趣味活动为利川猪博物馆每年都招

图2-15　利川猪博物馆（图片来源于韩国乡村网）

来大量游客。

农业文化遗产带来的效益使韩国的乡村成了新的旅游亮点，而多样化的农事活动体验项目也成了远离田野的城市人热切关注的对象。由韩国农林畜产食品部和韩国农渔村公社在全国优秀乡村旅游景点中选出了40项乡村旅游景点，这些入选的乡村景点都以各自的地区优势，为游客们提供着别具一格的体验项目和服务，不仅受到了韩国国内游客的欢迎，也得到了国外游客的大量好评。

三、 重要农业文化遗产的保护利用建议措施

（一）遗产保护利用的目标、原则

农业文化遗产的保护发展目标是系统完整性的目标，它既是经济保护发展的目标，也是生态、环境、文化保护发展的目标，重要农业文化遗产的保护发展目标也同样如此。保护并非是要原封不动的存留，而是要以科学合理的手法保护，并对其进行活态开发。

我国农耕文化源远流长，是各族劳动人民长久以来生产、生活实践的智慧结晶，体现着中华民族的生命力和创造力，贯穿于中华传统文化的始终。从现今的发掘保护工作的来看，中国重要农业文化遗产发掘工作在增强遗产地产业发展后劲、带动遗产地农民就业增收、促进农业可持续发展、传承农耕文明和弘扬农耕文化方面发挥出了积极作用。未来工作中，将不断发掘重要农业文化遗产的历史价值、文化和社会功能，在有效保护的基础上，探索开拓动态传承的途径、方法，努力实现文化、生态、社会和经济效益的统一，逐步形成中国重要农业文化遗产动态保护机制。重要农业文化遗产的保护以维护乡村景观、保护生态多样性和传承传统农业文化为目标，这将对促进区域农业可持续发展具有重要意义，并且对建立和谐的新时代"三农"社会和新农村也有着重要意义。

随着工业化和城镇化的加快推进，重要农业文化遗产的保护管理面临着众多的挑战，比如农业生态系统的退化与破坏、传统技术和农业景观的遗失与废弃等。保护是将重要农业文化遗产可持续发展下去的基础，因此重要农业文化遗产的保护管理，应当遵循在发掘中保护、在利用中传承的方针，坚

持动态保护、整体保护、协调发展、多方参与、利益共享的原则。

重要农业文化遗产的保护并不是冷冻式的保存，而是要因地制宜采取可持续发展途径，坚持保护优先、适度利用的原则。重要农业文化遗产的活态性决定了其要采取动态保护和适应性管理措施，充分发掘遗产的生产、生态功能和社会、文化功能。遗产的动态保护要与其开发利用整合成一条产业链，依托遗产地的农产品收获与农业景观，建立集农产品生产、加工、休闲观光、特色产品销售为一体的产业集群。此外，重要农业文化遗产是一个复合系统，融合了生态、景观、文化与技术等物质与非物质遗产特质，对其保护要坚持整体保护、协调发展的原则，不能只注重开发其一方面的功能。重要农业文化遗产的保护发展还需要融合多方参与的机制，坚持多方参与、利益共享的原则。这就要发挥好政府、企业、农户、社会组织等主体互惠互助的作用，鼓励当地从事与遗产相关的中小企业发展，促进企业带动农户实现产品增收，农户帮助企业经营种植的关系，从而形成惠益共享的局面。

（二）遗产保护利用的理论建议

从农业文化遗产存在的问题分析来看，重要农业文化遗产的保护从理论上首先要制定全国重要农业文化遗产的普查方案，要将全国范围内的农业文化遗产普查清楚。只有在摸清家底的情况下，才能针对性的具体给出保护发展策略。根据农业部出台的《农业部办公厅关于开展重要农业文化遗产普查的通知》文件要求，各省市地方要将本地方上的农业文化遗产数量以及具体情况查实上报，并将其中重要农业文化遗产选出以备在全国范围内评选。从政府部门来看，农业部等主要部门不仅要监督到位，还要积极督促地方部门进行农业文化遗产的评选，另外要对上报的农业文化遗产进行相应评估，对重要农业文化遗产进行重要保护发展。而各地方部门机构也要积极响应上级部署，积极主动清查地方上的农业文化遗产，并对已评选出的重要农业文化遗产加大保护力度，并对其进行合理开发运用。

其次在制度建设上，重要农业文化遗产的保护还要大力推动各地农业文化遗产保护管理办法的制订及完善。制定适宜明确的保护管理办法，这不仅可以系统有效地将全国重要农业文化遗产进行整体保护管理，还可以督促各地方组织部门加大对遗产的保护力度。地方上也可以成立专门的农业文化遗产管理机构，并选拔专门人才来探索文化遗产保护与发展的内在规律。此外还可以制定相关农业文化遗产的生态与文化方面的补偿与奖励规章，针对农村劳动力不足的问题，就可以利用相关的奖励优惠政策来吸引遗产地年轻人回归土地，继承传统农耕财富，另外对于重要农业文化遗产现存在的农耕技艺传承人也要进行保护，可以给予一定的补贴与奖励，这样就可以使重要农业文化遗产的传承工作顺利进行下去。针对已获评的62个"中国重要农业文化遗产"遗产地，可以按照其所处地域、所属农业类型和地区发展水平的不同，来区别制定相应的保护管理措施，制定相应政策措施，使遗产保护工作效率最大化。制度的建设除了要因地制宜外，这些制度还要适应时代的发展需要不断创新，并与国际接轨，使这些重要农业文化遗产不仅在国内发扬光大，更要声名海外。

最后，重要农业文化遗产评选以后并不是将其圈起来保护，而是要在保护基础上对其进行合理开发利用。从现有遗产的开发利用情况来看，基本都是从旅游价值方面开发，这主要是利用重要农业文化遗产本身的美丽景观性质来开发其视觉上的观赏价值，还有一些遗产地将游客体验参与农田劳作当作一大旅游特色点，这无疑是大大吸引那些远离乡村田野久居城市的年轻人。在保护利用上，重要农业文化遗产还可以借鉴国家自然保护区、风景名胜区、文物保护单位、传统村落等经验，建立"农业文化遗产保护专项"，对这些重点项目进行重点支持。另外，近年来国家一直倡导美丽乡村、美丽中国的建设，对于重要农业文化遗产的保护利用而言，这无疑是向公众推广告知的最佳时机，这也有利于重要农业文化遗产与美丽乡村建设、休闲农业和乡村旅游发展相结合，从而建立多元融资、多方参与的机制。除了旅游价值开发外，重要农业文化遗产的利用还可以根植本身的农产品开发。比如稻麦作类、果蔬类、茶树类的重要农业文化遗产，可以利用其本身优质的农副产品来打造品牌，从而扩大其销售市场。这种以农业产品为基础的遗产价值开发利用不仅将传统农耕技艺科学地传承下去，还可以将这些传统的农耕文化面向世界、面向未来，继续发扬传承下去，这无疑是重要农业文化遗产保护价利用最有效的一种动态保护形式。

（三）遗产保护利用的实践举措——博物馆模式的引入

将现代博物馆管理模式引入重要农业文化遗产的保护利用中，是农业文化遗产系统保护与展示的新形式。根据1974年在哥本哈根召开的国际博物馆协会的定义"博物馆是一个不追求营利，为社会和社会发展服务的，公开的永久性机构。它为研究、教育和欣赏的目的，对人类和人类环境的见证物进行收集、保护、研究、传播和展览"①。农业文化遗产正是人类与自然结合的最好表现形式，在现代博物馆中建筑是博物馆的一大特色，将博物馆模式引入重要农业文化遗产，首先就要跳出博物馆建筑的束缚，将这些重要农业文化遗产看成是一座座开放式的露天博物馆。重要农业文化遗产系统中的农作物产品就是这些露天博物馆的独有天然藏品，而在这片土地上世代代劳作的传承人——农民，便是这座露天博物馆最佳的藏品保管人员，而各具特色的农业生长形式所呈现出的美丽田园景观是这座露天博物馆的独特展陈方式，吸引着远道而来的观众游客。

重要农业文化遗产的保护研究中将博物馆作为一种手段引入，这不仅有利于重要农业文化遗产的科学管理保护方式，对于博物馆而言这也是其在农业领域的一项新开拓创举。将博物馆的管理运营方式借鉴运用到重要农业文化遗产的保护利用中，作为其保护利用的一种手段。在现有的62项重要农业文化遗产中已有众多遗产建有与遗产地有关的博物馆，或以其为中心规划相关的主题公园（见附表2-3）。但是这些主题博物馆或公园都是通过在遗产地建造实体建筑来展示农作物的历史文化。

博物馆方面比如浙江庆元香菇文化遗产以其为主题建立的香菇的博物馆，以五个单元和一个临时展为主要内容来挖掘、弘扬香菇文化；再如宁夏中宁枸杞种植重要农业文化遗产在其遗产地建立的中宁枸杞博物馆，这是国内首座以枸杞文化展示为主题的博物馆，主要通过枸杞历史介绍、文化展示、加工流程、产品会展和全国销售情况这五个部分来陈列介绍；又如新疆奇台旱作农业系统重要农业文化遗产建立的奇台农耕文化博物馆（图2-16），主要由石器厅、陶瓷器厅、铜器厅、木器厅、农具厅、字画厅等6个展厅组成，展示收藏的农耕文化藏品等。

---

① 王宏钧．中国博物馆学基础[M]．上海：上海古籍出版社，2001：37．

图2-16 奇台农耕文化博物馆（图片来源于该博物馆官网）

另外建立的主题公园有江苏泰兴银杏栽培系统重要农业文化遗产建立的国家古银杏公园（图2-17），该公园围绕古银杏建有水上风光带、功能区、主题园和多处景点，该园内村庄错落、银杏成林、果树成片，是省级古森林公园；另外四川苍溪雪梨栽培系统农业文化遗产建立的苍溪梨文化博览园（图2-18），主要由梨文化展示区、梨乡民俗与农耕体验区、梨休闲养生文化区等三个各具特色的主题展示区组成，该园集中体现了农业观光旅游，是全国规模最大的梨文化主题公园；再比如江西万年稻作文化系统遗产建立的万年世界稻作文化公园，该园以实

图2-17 泰兴国家古银杏公园
（图片来源于中国农业部官网）

体构筑、雕塑造型以及稻作文化来展现稻作主题，极具有文化性、生态性、休闲性特点，适宜地诠释了万年世界稻作文化的悠久历史。

图 2-18 四川苍溪梨文化博览园（图片来源于中国美丽乡村官网）

据统计现评选出的62项重要农业文化遗产有14家遗产地建有博物馆或主题公园，还有5项遗产地正在筹建。从这些已建的博物馆或主题公园来看，数量上还是占少数的，大部分的重要农业文化遗产并没有这方面的尝试，另外这些博物馆都是脱离遗产本身而另外选择地方建馆，其本身已与遗产地脱离，但仍然是传统上的博物馆。虽然有少部分主题文化公园依托遗产本身自然条件为内容创建，但是占比还是比较少。其实这些重要农业文化遗产本身就是一座天然的田园生态博物馆，是一种露天式的博物馆。我们将博物馆引入到农业文化遗产中去并不是提倡鼓励各遗产地都建立这样的实体馆际建筑，而是要以这样的博物馆理念，将其活态引入到遗产中去，形成露天的自然田园博物馆。用博物馆的管理运营方式来管理运营这些重要农业文化遗产，这样既可以实现农业文化遗产中系统作物的保护功能，又可以将遗产推向世人实现其开发利用功能。

第四节 结语

通过对农业部公布的62项中国重要农业文化遗产的分类分析以及保护利用情况的研究，得出以下结论。

在地区分布上，重要农业文化遗产分布全国，但以华东地区最多，省市中浙江省所占最多，这主要与各省市复杂多变的地形有较大关系。另外，从重要农业文化遗产的内容分类来看，遗产涉及种植业、林业、渔业、畜牧业以及资源利用复合类。其中种植业与林业类的遗产比较多，这主要与我国几千年的农耕文明历史有关。最后，从重要农业文化遗产的地位来看，有11项遗产被选入全球重要农业文化遗产项目，而我国也是国际上拥有该遗产最多的国家，这主要是因为我国农耕资源的丰富多样。

从遗产的保护内容来看，农业部的发掘保护工作，总体上有利于传统农耕文明的保护，以及遗产美丽壮观的田园面貌走向世人。但是，同样也存在着不太乐观的情况，这主要表现在：不科学的耕作方式，造成农业生态系统的破坏。以及农耕文化、技艺方面传承人的缺乏。还有，遗产分布地区的经济发展水平的差异悬殊，使其在保护利用上差别较大。最后，在保护管理制度建设方面，仍不健全，尚需完善。从遗产的利用情况来看，其开发利用首先要以遗产本身的农产品为基础，打造农产品品牌；其次可以利用遗产的美丽田园景观形式发展旅游业，带动经济创收；最后在保护利用中将博物馆的模式引入到重要农业文化遗产的保护利用中，一方面，用博物馆的管理模式来管理这些露天式的田园空间博物馆遗产，可以有效地实现遗产的保护目标。另一方面，依托遗产地建立的相关主题博物馆、主题公园以及遗产本身壮观的美丽田园陈列方式带来的大量游客观众，又实现了重要农业文化遗产的开发利用。

通过对这62项重要农业文化遗产的保护利用研究，不仅可以使人们对其种类、分布以及具体情况有一个深刻全面的认识，使其得到更好的保护与利用，还可以促进更多的重要农业文化遗产被发掘、保护利用。另外，作为文化遗产的一种，它还可以创造经济价值，造福农民。

中国重要农业文化遗产是我国历史悠久的农耕文明，对其保护发掘与利用有重要的意义。由于本文篇幅的限制以及笔者研究能力的局限，在对重要农业文化遗产的分类分析以及实地调查的广度与深度方面都有所欠缺，对遗产的保护利用情况调查方面也不够全面。另外，由于笔者实践经验的缺乏，对遗产利用方面提出的博物馆模式引入方面的具体工作认识尚浅，无法做深入研究，所提的建议也存在欠妥的地方。因此，关于重要农业文化遗产的保护利用研究，仍期待更多后续人员的加入和研究。

附　录

附表 2-1　中国重要农业文化遗产的地区分布表

地区	省市	数量	遗产内容
华东 （19）	浙江	7	青田稻鱼共生系统 绍兴会稽山古香榧群 仙居杨梅栽培系统 云和梯田农业系统 西湖龙井茶文化系统 庆元香菇文化系统 湖州桑基鱼塘系统
	江苏	2	兴化垛田传统农业系统 江苏泰兴银杏栽培系统
	安徽	2	安徽寿县芍陂（安丰塘）及灌区农业系统 安徽休宁山泉流水养鱼系统
	福建	3	福建福州茉莉花种植与茶文化系统 福建尤溪联合梯田 福建安溪铁观音茶文化系统
	江西	2	江西万年稻作文化系统 江西崇义客家梯田系统
	山东	3	山东夏津黄河故道古桑树群 山东枣庄古枣林 山东乐陵枣林复合系统

续表

地区	省市	数量	遗产内容
西南 （11）	四川	3	四川苍溪雪梨栽培系统 四川美姑苦荞栽培系统 四川江油辛夷花传统栽培体系
	贵州	2	贵州从江侗乡稻鱼鸭系统 贵州花溪古茶树与茶文化系统
	云南	6	云南红河哈尼稻作梯田系统 云南普洱古茶园与茶文化系统 云南漾濞核桃作物复合系统 八宝稻作生态系统 云南剑川稻麦复种系统 云南双江勐库古茶园与茶文化系统
西北 （10）	陕西	1	陕西佳县古枣园
	甘肃	4	甘肃皋兰什川古梨园、 甘肃迭部扎尕那农林牧复合系统 甘肃岷县当归种植系统 甘肃永登苦水玫瑰农作系统
	宁夏	2	宁夏灵武长枣种植系统 宁夏中宁枸杞种植系统
	新疆	3	新疆吐鲁番坎儿井农业系统 新疆哈密市哈密瓜栽培与贡瓜文化系统 新疆奇台旱作农业系统
华北 （8）	北京	2	北京平谷四座楼麻核桃生产系统 北京京西稻作文化系统
	天津	1	天津滨海崔庄古冬枣园
	河北	3	河北宽城传统板栗栽培系统 河北涉县旱作梯田系统 宣化传统葡萄园
	内蒙古	2	敖汉传统旱作农业系统 内蒙古阿鲁科尔沁草原游牧系统
东北 （6）	黑龙江	2	黑龙江抚远赫哲族鱼文化系统 黑龙江宁安响水稻作文化系统
	辽宁	3	鞍山南果梨栽培系统 辽宁宽甸柱参传统栽培体系 辽宁桓仁京租稻栽培系统

续表

地区	省市	数量	遗产内容
东北（6）	吉林	1	吉林延边苹果梨栽培系统
华中（5）	河南	1	河南灵宝川塬古枣林
	湖南	2	湖南新化紫鹊界梯田
			湖南新晃侗藏红米种植系统
	湖北	2	湖北赤壁羊楼洞砖茶文化系统
			湖北恩施玉露茶文化系统
华南（3）	广西	2	广西龙胜龙脊梯田系统
			广西隆安壮族"那文化"稻作文化系统
	广东	1	广东潮安凤凰单丛茶文化系统

附表 2-2 中国重要农业文化遗产的内容分类表

类型	亚类	数量	遗产内容
种植业（22）	梯田、垛田	8	兴化垛田传统农业系统
			福建尤溪联合梯田
			湖南新化紫鹊界梯田
			云南红河哈尼稻作梯田系统
			河北涉县旱作梯田系统
			江西崇义客家梯田系统
			广西龙胜龙脊梯田系统
			浙江云和梯田农业系统
	稻、麦、旱作物	11	江西万年稻作文化系统
			湖南新晃侗藏红米种植系统
			云南广南八宝稻作生态系统
			云南剑川稻麦复种系统
			北京京西稻作文化系统
			辽宁桓仁京租稻栽培系统
			黑龙江宁安响水稻作文化系统
			广西隆安壮族"那文化"稻作文化系统
			新疆奇台旱作农业系统
			河北涉县旱作梯田系统
			敖汉传统旱作农业系统
	蔬果类	3	浙江庆元香菇文化系统
			甘肃岷县当归种植系统
			新疆哈密市哈密瓜栽培与贡瓜文化系统

类型	亚类	数量	遗产内容
林业 （32）	古树群	3	江苏泰兴银杏栽培系统 浙江绍兴会稽山古香榧群 山东夏津黄河故道古桑树群
林业 （32）	果枣树	16	河北宣化传统葡萄园 辽宁鞍山南果梨栽培系统 甘肃皋兰什川古梨园 吉林延边苹果梨栽培系统 四川苍溪雪梨栽培系统 浙江仙居杨梅栽培系统 辽宁宽甸柱参传统栽培体系 河北宽城传统板栗栽培系统 北京平谷四座楼麻核桃生产系统 云南漾濞核桃作物复合系统 山东枣庄古枣林 天津滨海崔庄古冬枣园 宁夏灵武长枣种植系统 山东乐陵枣林复合系统 河南灵宝川塬古枣林 陕西佳县古枣园
	茶树	13	福建福州茉莉花种植与茶文化系统 云南普洱古茶园与茶文化系统 浙江杭州西湖龙井茶文化系统 福建安溪铁观音茶文化系统 湖北赤壁羊楼洞砖茶文化系统 广东潮安凤凰单丛茶文化系统 四川江油辛夷花传统栽培体系 湖北恩施玉露茶文化系统 贵州花溪古茶树与茶文化系统 云南双江勐库古茶园与茶文化系统 四川美姑苦荞栽培系统 甘肃永登苦水玫瑰农作系统 宁夏中宁枸杞种植系统
渔业		5	安徽休宁山泉流水养鱼系统 黑龙江抚远赫哲族鱼文化系统 浙江湖州桑基鱼塘 浙江青田稻鱼共生系统 贵州从江侗乡稻鱼鸭系统
畜牧业		1	内蒙古阿鲁科尔沁草原游牧系统
资源利用与生态保育遗产		2	安徽寿县芍陂（安丰塘）及灌区农业系统 新疆吐鲁番坎儿井农业系统

附表 2-3 中国重要农业文化遗产中已建博物馆、主题公园的情况

名称	建立时间	建筑面积	内容	主题
浙江庆元香菇博物馆	成立于 1997 年	2380 平方米	五个单元和一个临时展厅	挖掘、弘扬香菇文化
万年世界稻作文化公园	筹建于 2014 年 9 月	107 亩	以实体构筑、雕塑造型以及稻作文化展现主题具有文化性、生态性、休闲性特点	诠释万年世界稻作文化的悠久历史
吐鲁番坎儿井博物馆	建于 2007 年 6 月	博物馆分为地上和地下部分，包括 100 多米长的地下参观通道、500 平方米的地面陈列馆、坎儿井分布图、剖面图、葡萄长廊和葡萄干晾房等，以图片、实物、模型等方式展现坎儿井的结构、分布区域、功能和研究成果。		
崔庄古冬枣博物馆	建于园内，展现崔庄冬枣历史，以及当地产的代表性枣的种类等。			
浙江西湖中国茶叶博物馆	成立于 1990 年 10 月	建筑面积 7600 平方米，展览面积 2244 平方米	茶史、茶萃、茶事、茶缘、茶具、茶俗 6 大展厅	展示茶文化。
黑龙江抚远鱼展馆	成立于 2005 年 5 月	占地 800 多平方米	以图文、实物展示了黑龙江捕捞渔业的历史沿革和发展变化、	展示鱼种生活习性和赫哲族丰富的鱼文化。
宁安稻作文化主题公园	成立于 2011 年 6 月	165 公顷	以响水大米的历史、稻草与大米的衍生制品为重点和亮点，展示水稻历史、种植技艺、加工程序以及响水大米的优势和品牌价值。	
江苏泰兴国家古银杏公园	2003 年 9 月批为省级古森林公园	占地总面积 1600 公顷	1 条水上风光带、6 个功能区、15 个主题园和 42 个景点，园内村庄错落、银杏成林、果树成片。	
仙居杨梅博物馆	2008 年 7 月	由浙江扬眉饮料有限公司创建全国首个杨梅博物馆，着重介绍杨梅果树、果品加工产品、生产流程，全方位展示中国杨梅悠久历史。		
中国金丝小枣文化博物馆	山东乐陵市百枣纲目生物科技园投资，是一家公益博物馆	占地面积 1.6 万平方米	八个展厅，是中国目前最大、最齐全的枣文化公益博物馆。	

名称	建立时间	建筑面积	内容	主题
恩施玉露博物馆	2015 年 9 月 30 日于润邦茶业公司举行授牌和开馆仪式。	集中展示了"恩施玉露"加工制作从纯手工制作到现代化、连续化生产的发展历程，融入了中华5000年历史中茶文化的发展、演变和传承，展现了古代、近代到现代农事活动的器具场景和民俗文化特色。		
苍溪梨文化博览园	全国规模最大的梨文化主题公园	占地3000亩	该园集中体现了农业观光旅游，由梨文化展示区、梨乡民俗与农耕体验区、梨休闲养生文化区等三个各具特色的主题展示区组成。	
宁夏中宁枸杞博物馆	建于 2011 年 7 月	是国内首座以枸杞文化展示为主题的博物馆，有枸杞历史介绍、枸杞文化展示、枸杞加工流程、枸杞产品会展和枸杞全国销售分部5个展示专区。		
奇台农耕文化博物馆	占地面积16亩，展馆面积为2000平方米，是一家私人博物馆	由石器厅、陶瓷器厅、铜器厅、木器厅、农具厅、字画厅等6个展厅组成，馆内收藏的农耕文化藏品已经达到1000多件。		

附图一　重要农业文化遗产的图片展

（图片均来源于中国农业部官网）

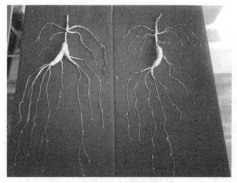

辽宁宽甸柱参传统栽培

浙江青田稻鱼共生系统

敖汉传统旱作农业系统

鞍山南果梨

浙江绍兴会稽山

福建福州茉莉花

福建尤溪联合梯

江西万年稻作文化

湖南新化紫鹊界

云南漾濞核桃

云南普洱古茶园

陕西佳县古枣园

甘肃皋兰什川古梨园

甘肃迭部扎尕那农林牧复合系统

天津滨海崔庄古冬枣园

河北宽城传统板栗

河北涉县旱作梯田

福建安溪铁观音茶

江西崇义客家梯田

湖南新晃侗藏红米

湖北赤壁羊楼洞砖茶

宁夏灵武长枣种植系统

新疆哈密市哈密瓜

云南剑川稻麦复种

甘肃岷县当归

浙江云和梯田农业系统

浙江杭州西湖龙井茶

浙江庆元香菇文化

广东潮安凤凰单丛茶

广西龙胜龙脊梯田

浙江仙居杨梅栽培系统

四川江油辛夷花

云南广南八宝稻作

北京平谷四座楼麻核桃

北京京西稻作文化系统

黑龙江抚远赫哲族鱼文化

黑龙江宁安响水稻作文化

安徽寿县芍坡（安丰塘）及灌区农业系统

山东枣庄古枣林

江苏泰兴银杏栽培系统

山东乐陵枣林复合系统

河南灵宝川塬古枣林

辽宁桓仁京租稻栽培系统

吉林延边苹果梨

广西隆安壮族"那文化"稻作文化系统

新疆奇台旱作农业系统

四川苍溪雪梨栽培系统

四川美姑苦荞栽培系统

甘肃永登苦水玫瑰农作系统

湖北恩施玉露茶文化系统

贵州花溪古茶树与茶文化系统

宁夏中宁枸杞种植系统

参考文献

一、专著

[1] 单霁翔.从"馆舍天地"走向"大千世界"——关于广义博物馆的思考 [M].天津:天津大学出版社,2001:58.

[2] 王宏钧.中国博物馆学基础 [M].上海:上海古籍出版社,2001:42-53.

[3] 李文华. 中国重要农业文化遗产保护与发展战略研究 [M]. 北京：科学出版社，2016.

[4] 蒂莫西·阿姆布罗斯，克里斯平·佩恩. 博物馆基础 [M]. 郭卉，译. 江苏：译林出版社，2016：98-103.

二、期刊

[5] 苏东海. 国际生态博物馆运动述略及中国的实践 [J]. 中国博物馆，2001（2）.

[6] 宋向光. 博物馆定义与当代博物馆的发展 [J]. 中国博物馆，2003（4）.

[7] 李永乐. 世界农业遗产生态博物馆保护模式探讨—以青田"传统稻鱼共生系统为例 [J]. 生态经济，2006（6）.

[8] 闵庆文，孙业红. 农业文化遗产保护—解决农村环境问题的新机遇 [J]. 世界环境，2007（1）.

[9] 韩燕平，刘建平. 关于农业遗产几个密切相关概念的辨析—兼论农业遗产的概念 [J]. 古今农业，2007（3）.

[10] 闵庆文，孙业红，成升魁等. 全球重要农业文化遗产的旅游资源特征与开发 [J]. 经济地理，2007（5）.

[11] 李文乐，闵庆文，成升魁. 世界农业文化遗产地旅游资源开发研究 [J]. 安徽农业科学，2007（16）.

[12] 王红谊. 新农村建设要重视农业文化遗产保护利用 [J]. 古今农业，2008（2）.

[13] 常旭，吴殿廷，乔妮. 农业文化遗产地生态旅游开发研究 [J]. 北京林业大学学报（社会科学版），2008（4）.

[14] 冯磊，吴郭泉. 农业文化遗产的保护性开发—以龙胜龙脊梯田为例 [J]. 大众科技，2010（2）.

[15] 孙业红，闵庆文，成升魁，等. 农业文化遗产的旅游资源特征研究 [J]. 旅游学刊，2010（10）.

[16] 李明，王思明. 江苏农业文化遗产保护调查与实践探索 [J]. 中国农史，2011（1）.

[17] 李根蟠.农史学科发展与"农业遗产"概念的演进 [J].中国农史,2011（3）.

[18] 闵庆文,张丹,何露等.中国农业文化遗产研究与保护实践的主要进展 [J].资源科学,2011（6）.

[19] 赵立军,徐旺生,孙业红等.中国农业文化遗产保护的思考与建议 [J].中国生态农业学报,2012（6）.

[20] 闵庆文,何露,等.中国 GIAHS 保护试点：价值、问题与对策 [J].中国生态农业学报,2012（6）.

[21] 闵庆文.农业文化遗产及其保护 [J].农民科技培训,2012（22）.

[22] 王德刚.旅游化生存与产业化发展—农业文化遗产保护与利用模式研究 [J].山东大学学报（哲学社会科学版）,2013（2）.

[23] 张灿强,刘某承.中国重要农业文化遗产可持续发展面临的挑战与应对（英文）[J].Journal of Resources and Ecology,2014（4）.

[24] 白艳莹,闵庆文,刘某承.全球重要农业文化遗产国外成功经验及对中国的启示 [J].世界农业,2014（6）.

[25] 孙志国,殷瑰姣,等.武陵山片区重要农业文化遗产保护状况的思考 [J].浙江农业学,2014（11）.

[26] 李文华.农业文化遗产的保护与发展 [J].农业环境科学学报,2015（1）.

[27] 刘启振,王思明,胡以涛.略论农业文化遗产价值类型划分及评价体系 [J].古今农业,2015（1）.

[28] 卢勇,施大尉.兴化垛田：全球重要农业文化遗产 [J].唯实,2015（8）.

[29] 李爽.云南农业文化遗产保护和利用情况报告 [J].云南农业,2015（9）.

[30] 郑惊鸿.中国引领世界农业文化遗产事业蓬勃发展 [J].农业工程技术,2015（32）.

[31] 张永勋,闵庆文.稻作梯田农业文化遗产保护研究综述 [J].中国生态农业学报,2016（1）.

[32] 闵庆文,刘某承,焦雯珺.关于农业文化遗产普查与保护的思考 [J].

遗产与保护研究，2016（2）.

三、学位论文

[33] 江梅 . 对全球重要农业文化遗产：陕西佳县古枣园的旅游发展潜力研究 [D]. 西安：长安大学，2015.

[34] 曹雪利 . 汉阴凤堰梯田保护与利用模式研究 [D]. 西安：西北大学，2015.

（本章作者：刘建红，南京师范大学2014级文物与博物馆学专业硕士研究生）

第三章　见证农村社会变化发展的"中国名村"

——农村博物馆资源之二

第一节　中国名村及博物馆的界定

笔者认为，要分析中国名村博物馆的情况，需从理论上的中国农村社会发展谈起，了解博物馆定义、社会文化意义，探讨中国名村与博物馆的关系。这可以为进一步的分析奠定基础。

一、当代中国农村社会发展概述

纵观当代中国农村社会，经历了一个相当曲折的发展过程，新中国成立后和新中国成立前相比，可以说发生了翻天覆地的变化。其发展可以分为以下几个阶段：[①]

（一）新中国成立前

中国长期处于封建社会和半殖民地、半封建社会，广大农村的绝大部分土地为封建地主占有，使得大量农民不但没有土地，而且受到封建地主残酷的剥削，生活饥寒交迫，农业整体生产水平极其低下。中国农村处于十分贫穷落后的状态。

---

① 雷长林，李富义.中国农村发展史：第1版[M].杭州：浙江人民出版社，2008：1.

（二）新中国成立后到党的十一届三中全会以前

此阶段包括土地改革、农业社会主义改造、"大跃进"运动、人民公社化运动、三年困难时期、"四清"运动、"农业学大寨"运动等时期，是我国农业发展的探索阶段。农村在早先彻底铲除了封建土地制度，实现了耕者有其田，极大提高了农民的生产积极性，促进了农村经济的发展；中间"大跃进"等"左"的干扰也使农村、农业的发展形成停滞和徘徊；其后"农业学大寨"运动，使得山西昔阳的大寨村成为全国农村自力更生、艰苦奋斗的典型。

（三）党的十一届三中全会到20世纪末

从实行农村家庭联产责任制到农村经济体制改革，使中国农村社会彻底改变了贫穷，走向富裕的道路。安徽省凤阳县小岗村包干到户开启的农村家庭联产责任制，是中国农村具有划时代意义的一次变革，极大地解放了农村的生产力，使农业产值不断增加；农村经济体制改革的政策，使乡镇企业得到振兴和发展，带动了农民生活水平迅速提高。近20世纪末，一些农村不但实现"小康"，且在文化、社会建设等各方面均获得重大发展，江苏省无锡市华西村、浙江省东阳市花园村等成为全国的模范村。

（四）21世纪至今

这是中国农村社会发展的新阶段。中央高度重视"三农"工作，提出推进农业和农村经济结构战略性调整等重大决策，使农业和农村社会发展迈上了一个新台阶。新型社会主义新农村相继出现，他们成为"生产发展、生活宽裕、乡风文明、村容整洁、管理民主"的典型，上海市九星村、江西省南昌市进顺村等是其中的代表。

中国农村社会发展的历史，是一个曲折中前进、螺旋式上升的过程。农村社会发展历史是我国历史非常重要的组成部分，了解其发展历程，对于全面了解中国社会各项事业的发展有着重要作用。了解了农村的过去，才能更好地把握农村的今天，预测美好的明天。

二、中国名村的确立

"中国名村"中"名村"的提出最初源自"历史文化名镇（名村）"的评选。自2003年至2014年，建设部和国家文物局共同组织评选了六批历史文化名村。而"中国名村"的提法要先从全国"村长"论坛说起。由中国村社发展促进会主办的全国"村长"论坛，是目前我国农村基层干部相互交流沟通的唯一全国性平台，自2000年成立至2016年已举办十六届。2005年9月，第五届全国"村长"论坛上评选出了"中国十大名村"。2006年12月，中国村社发展促进会特色村工作委员会、亚太农村社区发展促进会（APCRD）中国委员会等单位联合组成"中国名村影响力研究评价课题组"，着力开展中国名村的研究评价工作，旨在促进名村的示范与带头作用，提升名村的影响力和竞争力。经过半年多的研究，制定出"中国名村影响力研究评价体系"，据此对全国1200个村庄进行筛选，确定500个名村作为首次研究评价对象，最终评价出中国具有较高影响力的300个村庄。在2007年第七届全国"村长"论坛，发布了中国名村影响力排行榜。2008年、2009年、2010年、2014年分别进行了中国名村影响力的评选。[1]2014年第十四届全国"村长"论坛出炉《2014中国名村影响力综合排名研究评价报告》，评选出"2014全国名村影响力300强"。此次排名由中国村社发展促进会特色工作委员会、亚太环境保护协会、中国国土经济发展研究中心、中国名村影响力研究评价课题组四家权威机构共同研究评价完成。评委会成员乔惠民表示，此次排名旨在贯彻落实党中央的农村工作精神，促进中国名村在新的历史时期稳中求进，转型发展，提升综合竞争力。[2] 最新有关中国名村的评选是2016年关于"中国十大国际名村"和"2016中国名村影响力300佳"的评选。2016年9月的第十六届全国村长论坛上，由中国村社发展促进会特色村工作委员会、《中国村庄》杂志、"名村影响力"研究评价课题组评选出"中国十大国际名村"，评价依据了课题组研制的《CCRD中国国际名村评价体系》及十多年对有关名村的调研数据，评价体系由15项考量指标组成。[3]2016年12月10日，由中国村社发展促进会特色村工作委员会、同济大学现代村镇发展研究中心、亚太农村社区发展促进会（APCRD）中国委员会和中华口碑中心（CPPC）共同评选推出的"2016中

①　中国村社发展促进会 . （2017-01-01）.http：//www.village.net.cn.

②　徐驰，甄浩鹏 .2014全国名村影响力300强出炉，河南17个村庄入选 [EB/OL]. （2014-11-02）. http：//henan.people.com.c/n/2014/1102/c351638-22784462.html.

③　金光强，王江红 . 花园村荣膺"中国十大国际名村" [N]. 东阳日报，2016-9-26 （1）.

国名村影响力300佳"发布。此次评价主要从村庄发展指数、民生指数、管理指数、魅力指数、绿色指数和口碑指数的综合因子评价,不简单取决于人均GDP或人均收入,而取决于这个地方的自然环境、居住条件、安全状况、人际关系,以及村民气质、精神状态、主人翁感等。[①]这次评价将民生福祉纳入,旨在推动更多村庄的综合发展。

为便于归纳总结,本文的"中国名村"指的是"2014全国名村影响力300强"中的前100名。

三、 博物馆及社会文化意义

纵观中国名村,有一部分在成为"名村"前后陆续建立了博物馆,使中国名村和博物馆两个不同性质、本无关系的事物之间产生了联系,要探讨中国名村与博物馆的关系,就要从博物馆定义和社会文化意义谈起。

(一)博物馆定义

"博物馆"一词,源于希腊文mouseion,原意为"供奉缪斯及从事研究的处所"。17世纪英国牛津阿什莫林博物馆的建立,才使museum成为博物馆的通用名称。

关于博物馆的定义,国际博物馆协会做了多次调整。1946年国际博物馆协会规定:博物馆是指向公众开放的美术、工艺、科学、历史以及考古学藏品的机构,也包括动物园和植物园,但图书馆如无常设陈列除外。1951年、1962年、1974年、1989年,国际博物馆章程不断对博物馆的定义都做了修改;[②]2001年、2007年,国际博物馆协会又有修改。2007年8月,国际博物馆章程又规定:博物馆是一个为社会及其发展服务的、向公众开放的非营利性常设机构,为教育、研究、欣赏的目的征集、保护、研究、传播并展出人类及人类环境的物质及非物质遗产。[③]这是迄今为止最新的定义。

中国对博物馆的定义也经历了一个认识变化的过程。20世纪30年代,中

---

① 陈美文.2016中国名村影响力300强出炉大寨第4,皇城第9[N].山西日报,2016-12-13(5).

② 王宏均.博物馆学基础[M].上海:上海古籍出版社,2001:36.

③ 宋向光.国际博协"博物馆"定义的新调整[EB/OL].(2011-10-25).http://blog.sina.com.cn/zggxbwg.

国博物馆协会认为：博物馆是一种文化机构，不是专为保管宝物的仓库，是以实物的论证而作教育工作的组织及探讨学问的场所。1949年以后，中国对博物馆定义做了两次大的讨论和修改，直到1979年，国家在《全国省、市、自治区博物馆工作条例》中做出了明确规定。1985年出版的《中国博物馆学概论》和1993年出版的《中国大百科全书·文物 博物馆》卷也对博物馆的定义持有类似的观点。[①]2005年颁布的《博物馆管理办法》中博物馆的定义，指收藏、保护、研究、展示人类活动和自然环境的见证物，经过文物行政部门审核、相关行政部门批准许可取得法人资格，向公众开放的非营利性社会服务机构。[②]最新的定义在2015年3月出台的《博物馆条例》中，所称"博物馆"是指以教育、研究和欣赏为目的，收藏、保护并向公众展示人类活动和自然环境的见证物，经登记管理机关依法登记的非营利组织。[③]

不同的国家对博物馆有着不同的定义。随着时代的发展，博物馆的定义将会继续不断变化。

博物馆定义的变化对应了博物馆形态的变化。当代公共博物馆的发展进入一个百花齐放的时代，也处在变革发展的重要时期，在这个时代，出现了许多新样态的博物馆，人们很难只是以组织的名称、构成成分和组织结构来简单确定其是否为博物馆。只要组织宗旨、身份、目的、任务和主要业务活动的基础和内容符合博物馆的原则规定，并经所在国家博物馆组织的认定，就可以被接纳成为博物馆大家庭的成员。[④]

（二）博物馆的社会文化意义

博物馆对社会文化的保存、传承、传播、教育、服务等具有重要意义，可以从以下几个方面看出。

从博物馆的核心价值和历史使命看，2005年的《国际博协2005–2007博协战略规划》进一步重申了博物馆的核心价值和历史使命。核心价值在于"对

---

① 王宏均. 博物馆学基础 [M]. 上海：上海古籍出版社，2001：38.

② 文化部. 博物馆管理办法：令第35号 [A/OL].（2016–01–09）. http：www.gov.cn.

③ 国务院. 博物馆条例：令第659号 [A/OL].（2015–03–02）. http：www.gov.cn.

④ 宋向光. 国际博协"博物馆"定义的新调整 .[EB/OL].（2011–10–25）.http：//blog.sina.com.cn/zggxbwg.

物质与非物质世界的文化遗产保存、延续、交流的任务"，其历史使命在于"在社会上致力于保存、传播、交流目前与未来世界的有形与无形、自然和文化遗产的工作"。①

从博物馆的社会任务看，博物馆是社会重要的文化传播场所，是人类知识的储存机构。展示博物馆历史文物精品，宣传人类文明进步，提升国人的爱国热情和民族自豪感，是博物馆在文化大发展、大繁荣社会进程中的主要任务。②又如2015年博物馆日的主题是："博物馆致力于社会的可持续发展"。主要旨在面对当前不稳定的生态系统，博物馆承担着文化遗产的守护者的重任。

从博物馆的定义看，1990年出版的《中国博物馆学基础》把博物馆定义归纳为：对文物标本进行收集、保藏、研究、陈列，传播文化科学信息，为社会服务的文化教育机构。③可见，博物馆是文化传播机构、社会教育机构；2007年国际博物馆协会的新定义为：博物馆是为社会及其发展服务的、向公众开放的非营利性常设机构。④可见，博物馆是社会服务机构。

从博物馆的职能看，博物馆具有社会服务职能。文物藏品是承载社会文化的特殊物质，具有解读社会文化和生活的功能，而这种传承、教育和示范功能的发挥，只有通过专业解读、展览展示等方式，才能显示和显现出来，这种属性我们称为博物馆的社会服务职能。⑤"博物馆是人类文明记忆、传承、创新的重要阵地；是大众启迪智慧、陶冶情操、欣赏艺术、文化休闲的理想场所；是普及科学文化知识，提升公民素质，提高社会文明程度的重要平台。"这是文化部原部长蔡武同志对博物馆社会服务功能的高度概括。⑥博物馆的社会服务职能，对提高全民族文化素质、促进人的全面发展发挥着独特的作用。博物馆是和谐社会建设的重要角色。

---

① 单霁翔.建立整合、包容、开放的中国博物馆 [N].中国文化报，2011-5-01（6）.

② 李冰，魏萌萌.简论博物馆在社会文化发展中的重要作用 [J].现代经济信息，2016（8）：01.

③ 王宏均.博物馆学基础 [M].上海：上海古籍出版社，2001：36.

④ 宋向光.国际博协"博物馆"定义的新调整 [EB/OL].（2011-10-25）.http://blog.sina.com.cn/zggxbwg.

⑤ 王紫璺，孙霄.试论博物馆的职能定位与科学发展 [J].中国博物馆，2007（2）：22.

⑥ 张才红.博物馆与社会文化服务 [J].躬耕，2012（5）：59.

四、中国名村与博物馆的关系

只有把握中国名村和博物馆的关系，才能更好地了解中国名村的博物馆。从博物馆在中国名村扎根开始，中国名村与博物馆就建立起了越来越密切的关系。

（一）博物馆为中国名村提供了展示的平台，见证名村发展的历史

中国名村的发展，一般都经历了从穷村到富村，从富村到名村的发展历程。此过程至少也有二三十年的时间，更重要的是，这是一段奋斗的历史、拼搏的历史，实现名村从量变到质变的历史。饮水尚需思源，对于中国名村来说，更需要今人和后人铭记这段历史，成为每个人刻骨铭心的回忆。只有记住过去，才能更好面对现在，展望未来。

如何记住历史？博物馆本身作为记录时代发展的见证物，其发展已经证明，可以为中国名村提供这样一个平台。博物馆可以通过实物、图片、影像资料、多媒体等多种展示方式，很好地展现、见证名村发展的历史。这种比单纯的语言授课更形象、具体，更能使人们感触至深、理解深刻，记住这段历史。中国名村也只有通过博物馆，才能很好地保留这段历史。时光不会倒流，而博物馆在记录历史，回顾历史的同时，将这段历史保留下来，一直延续下去，便于让名村的一代代的后人熟悉本村的发展史。

（二）建立博物馆是名村发展社会文化事业的需要

中国名村在经济实力雄厚、人民生活富裕后，进入综合发展阶段，把社会事业作为发展的重要方向，涉及教育、医疗卫生、社会保障、文化、体育、旅游、计生等各方面。其中，文化建设是重中之重。关系到村民思想道德素质、科学文化素质的提高。图书馆、文化中心、艺术团体、广播站等纷纷建立，各种文化活动逐渐开展起来，成为发展文化事业的重要举措。可以遐想一下，博物馆如果加入其中，岂不增光添彩？

事实证明，博物馆在社会事业中已经发挥了极其重要的作用。丰富了人们的精神文化生活，拓宽了人们的知识面，促进了人与人之间的和谐，为推动社会主义精神文明建设做出了重要贡献。在名村建立博物馆，能够使博物馆的这一作用发挥得更充分、更淋漓尽致，为村民提供了休闲娱乐去处，重要的是能满足更多人的精神需求，开阔人们的视野，为促进村民之间的友好

相处、稳定本村的社会秩序起到不可估量的作用。建立博物馆，将会使名村的社会事业迈上一个大的台阶，步入到一个新的阶段。建立博物馆是名村发展社会文化事业十分需要和十分必要做的事。

（三）建立博物馆有利于保护名村的文化遗产

中国名村中有很多重要的文化遗产，包括物质文化遗产和非物质文化遗产。物质文化遗产如古代建筑、石刻、历史遗迹遗物、近现代文物图书资料等；非物质文化遗产如某些民间手工艺、表演艺术、民俗活动、礼仪、节日、传说故事等，都反映出村社悠久的历史文化，或充满着浓浓的乡土特色，对于中国名村，乃至整个国家都是宝贵的精神财富，而且有些文化遗产处于濒危状态，必须及时采取措施进行有效的保护。

收藏职能为博物馆职能之一，收藏便进行了保存，是博物馆最基本的职能。博物馆经过多年的发展，已在文化遗产的保护方面积累了丰富的经验。可以说，博物馆是自然遗产和文化遗产的最佳保存场所。[①]博物馆是连接公众和文化遗产的桥梁，可以通过不同方法、观众感到有趣的展示，互动体验等活动，挖掘其文化内涵，引起人们对文化遗产的认同、重视、保护。文化遗产只有在博物馆的"庇护"下，才能得到较好的保护，并得以传承。[②]一些遗址、建筑类、非遗类博物馆的运行，已经很好地证明了这一点。

（四）建立名村博物馆，可丰富博物馆内涵，促进博物馆事业发展

随着社会文明程度的不断提高，人类对文化的重视日益增加，博物馆事业迅速发展。如果名村建立博物馆，将丰富博物馆的内涵，促使博物馆事业向着更大、更广的范围快速发展。

从博物馆的定义中可以看出，博物馆的内涵在不断扩展。中国与国外不同，由于农村博物馆极少，在很多人看来，博物馆还局限于城市里有建筑、展厅内有古物的传统模样。而实际上，博物馆早已打破围墙，逐渐发展为生态博物馆、民俗馆、工艺展示馆、数字博物馆等多种存在形态。博物馆的内涵也随之不断扩大化。中国农村地域宽广，文物古迹众多，文化景观各具特色，建立博物馆非常有必要。如果博物馆走进农村，将会有更广阔的发展空

---

① 叶四虎. 浅论博物馆与文化遗产的保护 [C]// 浙江省博物馆学会 2006 年学术研讨会文集，2006.

② 陈玲，凌振荣. 博物馆在文化遗产保护中的作用 [J]. 南通纺织职业技术学院学报，2010（6）：88–89.

间。中国名村发展各具特色，建立博物馆就更有必要，而且它们处于中国农村发展的前沿，率先建立博物馆，必将带动更多的国内农村效仿。如此，博物馆数量将会大大增加，更重要的是延伸了博物馆的内涵，推动博物馆事业进入一个新的发展阶段。

第二节　中国名村及建立博物馆情况的调查

为了对中国名村及建立博物馆的具体情况有所了解，笔者采用多种方法，进行了详细、全面的调查。调查过程、调查数据如下。

一、调查的过程

确定论题后，为获得相对准确的信息，采取了网上、电话、实地等多角度的调查方法，再对得到的信息进行整理、分析研究。整个调查过程中各种方法交替、穿插使用。调查过程持续较长。

2016年4月至7月，在老师的指导下，通过网上调查，了解了100个中国名村的村情村貌、经济、社会、文化发展等有关概况，制作了《中国名村基本情况统计表》，2016年8月，通过网上、电话调查的方法，掌握了100个名村中建立博物馆的概况，制作出《中国名村博物馆建立情况统计表》；9月至10月，继续网上调查，核实有关信息，将100个中国名村按照特色年代进行分类，各个名村博物馆按照性质进行分类；11月，赴实地调查，在每一类博物馆中选取一个，赴安徽、江苏、上海、浙江四地，参观了安徽小岗村大包干纪念馆、小岗村沈浩同志先进事迹陈列馆、江苏华西艺术博物馆、上海前卫村村史馆、前卫村瀛洲古文化村、前卫村世界木化石馆、前卫村中国奇石馆、前卫村雷锋纪念馆、浙江花园村陈列馆、花园村民俗馆等10个馆，并调查这些馆的展览、社会教育和服务、藏品、运营、管理、文创产品等各方面的情况；12月，实地调查与网上调查相结合，将调查内容加以整理、分析。

二、调查的数据

调查的数据可以分为中国名村方面和中国名村的博物馆方面。

（一）中国名村

100个中国名村从行政区划上可以说遍及全国大部分地区，涉及华北、华中、东北、西北、华东、西南和华南等六地区，遍布22个省、市，可归纳如表3-1。

从表3-1可以看出，位于我国华东地区的中国名村有58个，占总数的一半以上；从各省的分布情况看，江苏、山东、浙江三省境内的中国名村数量最多，有50个，占总数的一半。

表3-1　中国名村地区、省份分布统计表

地区	省份	各省名村数量	各地区名村数量	地区	省份	各省名村数量	各地区名村数量
华北	北京	6	15	华东	江苏	25	58
	天津	3			山东	14	
	河北	3			浙江	11	
	山西	3			上海	6	
华中	河南	5	8		安徽	1	
	江西	2			福建	1	
	湖北	1					
东北	辽宁	5	9	西南	四川	2	7
	吉林	2			重庆	4	
	黑龙江	2			云南	1	
西北	陕西	1	1	华南	广东	3	3

100个中国名村在党的领导下实施了不同的发展策略，或发展工业、农业、旅游业等某一种特色产业带动，或两三种产业同时并举，不断发展壮大，走在全国农村的前列，而成为"中国名村"的一员。从以上农村社会发展史的简述中也可以看出，中国农村的发展分为农村社会发展的不同阶段，所以中国名村成为"名村"的时间，即"特色年代"有早有晚，可分新中国成立前、20世纪50年代至70年代末、20世纪80年代至20世纪末、21世纪四个时期。每个时期出现的名村如表3-2所示。

表3-2　中国名村特色年代统计表

特色年代	名村名字（各省数量）	各时期名村数量
新中国成立前	山西：皇城村（1）北京：高碑店村 草桥村（2）天津：天穆村（1）	4
20世纪50年代至70年代末	山西：大寨村（1）安徽：小岗村（1）河南：刘庄村（1）	3
20世纪80年代至20世纪末	江苏：华西村 三房巷村 武家嘴村 新华村 飞达村 大洋村 长江村（张家港市）黄泥坝村（8） 浙江：花园村 航民村 方林村（3）北京：韩村河村 果园村（2） 山东：玉皇庙村 西霞口村 南金村 傅山村 南山村 得利斯村 西水磨村 城阳村 李家石桥村（9） 河南：南街村 西滑封村（2）上海：旗忠村 前卫村（2） 广东：槎龙村 雁田村（2）天津：双街村 新立村（2）江西：湖坊村（1） 河北：前南峪村 槐底村（2）云南：福保村（1）吉林：红嘴村（1） 辽宁：西洋村（1）黑龙江：兴十四村（1）四川：农科村（1）	38
21世纪	浙江：滕头村 新华村 谢家路村 小路下村 花园村（杭州市）蒋家浜村 湾底村 良一村（8） 江苏：永联村 长江村 蒋巷村 都山村 梦兰村 康博村 大唐村 五一村 陈市村 华宏村 常南村 董北村 长山村 五星村 张油坊村 向阳村 周庄村（17） 上海：九星村 杨王村 太平村 联西村（4） 北京：郑各庄村 新发地村（2）河南：京华村 干河陈村（2） 重庆：新立村 上桥村 新桥村 民主村（4） 山东：沈泉庄村 西王村 三元朱村 南屯村 刘庙村（5） 辽宁：后英村 上岗子村 青花峪村 大梨树村（4） 江西：进顺村（1）山西：龙门村（1）福建：马塘村（1） 四川：宝山村（1）吉林：双丰村（1）陕西：东岭村（1） 河北：南高营村（1）湖北：福星村（1）广东：罗南村（1）	55

　　注：江苏省两长江村分别为江阴市夏港街道长江村、苏州市张家港市金港镇长江村；浙江省两花园村分别为东阳市南马镇花园村、杭州市江干区笕桥镇花园村；新立村分别为重庆市沙坪坝区、天津市东丽区。

　　从以上可以看出，中国名村在20世纪80年代至20世纪末、21世纪这两个时期出现较多，这也是符合中国客观实际的。改革开放后一系列的农村政策给中国农村广阔的发展空间，使得一些农村经济迅速崛起，文化、社会建设等也不断进步。

名村的特色年代对于名村的整体发展历史尤为重要，是名村发展的重要转折点。为中国名村按照特色年代进行分类，便于对名村建立博物馆的情况进行进一步的分析。

（二）中国名村的博物馆

据调查，共有32个中国名村建立了博物馆，占名村总数的32%，博物馆总数共计69个。从名村角度上说，北京市朝阳区高碑店村博物馆数量最多，共13个，近总数的五分之一，其次为上海市崇明县前卫村，共9个；其余大部分名村有博物馆的数量为1个。

笔者还通过实地调查，了解了各个名村博物馆在展览、社会教育和服务、藏品、运营、管理、文创产品等各方面的具体概况。

对中国名村及建立博物馆情况的调查，为进一步的分析奠定了基础。

第三节　中国名村博物馆的分析

经多角度调查，获取了中国名村博物馆的一些相关信息后，笔者对其做了分类、概括了其特点，分析了其运营机制，指出了其存在的问题。

一、中国名村博物馆的类型

经调查发现，中国名村博物馆与其他国有博物馆、民办博物馆相比，除一些共性外，更有着很多个性。为总结其特点，探讨其存在的问题，有必要首先将名村博物馆进行分类。

根据1993年文物出版社出版的图书《中国大百科全书·文物 博物馆》，根据中国的实际情况，博物馆划分为历史类、艺术类、科学与技术类、综合类这四种型是适合的。[①] 按照此分类方法，69个中国名村博物馆也可分为这

---

① 中国大百科全书总编辑委员会《文物·博物馆》编辑委员会.中国大百科全书·文物 博物馆：第1版 [M]. 北京：中国大百科全书出版社，1993：49.

四种类型，具体如表3-3所示。

表3-3 中国名村博物馆类型统计表

博物馆类型		博物馆名称	数量	占总数百分数
历史类	村史馆类	大寨村大寨展览馆 小岗村大包干纪念馆 花园村陈列馆韩村河村社会主义新农村建设展览室 滕头村村史展览室 永联展示馆 郑各庄村展览馆 西王展览馆 西王村史馆 红嘴展览馆 南金农民博物馆 蒋巷村村史展览馆 武家嘴村村史馆 兴十四村村史展览馆 五一村史馆 罗南村展览馆 京华历史陈列馆 槎龙纪念馆 大梨树村村史馆 高碑店村史博物馆 中国农家乐旅游发源地史料馆 前卫村史馆 槐底村村史馆 五星村村史馆和三个文明展示馆 旗忠村村史陈列室（26）	45	65.22
	民俗文化类	大寨村大寨文化展示馆 花园村民俗馆 韩村河村农耕展览馆 蒋巷村江南农家民俗馆蒋巷村农艺馆 大梨树村民俗文化体验馆 高碑店村农具博物馆 川西农家民俗收藏馆 前卫村瀛洲古文化村（9）		
	纪念类	小岗村沈浩同志先进事迹陈列馆 傅山村毛主席影像展览馆 刘庄村史来贺纪念馆 雁田村邓氏纪念馆 前卫村上海雷锋纪念馆 干河陈村全国村长论坛纪念馆（6）		
	其他专题类	蒋巷村知青馆 大梨树村知青城 高碑店村中国科举匾额博物馆 五星村中华传统美德教育馆（4）		
艺术类		艺术类：华西村华西艺术博物馆 大寨村农民文化艺术馆 傅山村袁氏博物馆 高碑店村中国民间艺术体验馆 高碑店村两壶博物馆 高碑店村手炉博物馆 高碑店村琦檀宇艺术博物馆 高碑店村奇石博物馆 高碑店村佛教文化博物馆 高碑店村书法博物馆 高碑店村银帝艺术馆 高碑店村古乐器博物馆 高碑店村有璟阁徽派建筑博物馆 前卫村中国奇石馆 前卫村中国根雕艺术馆 南屯村金宝博物馆 草桥村中国插花艺术博物馆	17	24.64
科学技术类		前卫村生态科普展示馆 前卫村世界木化石馆 前卫村蝴蝶馆 前卫村世界军模展览馆 蒋巷村青少年科普馆	5	7.24
综合类		花园村中国农村博物馆 郑各庄村中国名村收藏馆	2	2.9

以上表中可以看出，69个名村博物馆中，历史类博物馆最多，其次为艺术类博物馆，综合类最少。

二、中国名村博物馆的特点

（一）类型全面，特色鲜明

中国名村博物馆按性质分成四大类型，涵盖了目前博物馆分类的所有类型，而且在历史类博物馆类型中，包括了村史馆、民俗类、人物纪念类、其他专题类等几小类，种类已很全面。而且，各类型博物馆都立足自身实际，办出了自己的特色。如江苏省无锡市华西村的艺术博物馆突出艺术类特色，而上海前卫村的世界木化石馆则富有科技类特色。

华西村艺术博物馆坐落于华西村的世界公园内，占地面积1万平方米，主展厅按照北京故宫的太和殿与乾清宫以1：1原比例精心打造。太和殿不仅展示了从战国到明清时期的各类古陶瓷收藏，更汇集了众多国家级工艺美术大师倾力创作的艺术精品，涵盖了织绣、玉雕、漆器、陶瓷、琉璃、金银器等多个门类，令人叹为观止；乾清宫展厅展出了我国从中央到地方各级领导和社会名人的珍贵题字以及祝枝山、张大千等著名书画大师的作品，具有极高的艺术价值。[①] 这样的博物馆在农村博物馆中是非常少见的，可算得上是首屈一指。（图3-1、3-2）

图3-1 华西村艺术博物馆的景德镇荷花瓷瓶　　图3-2 华西村艺术博物馆的金牛、银牛

---

① 天下第一村—华西村（2013-07-08）.http://www.chinahuaxicun.com.

上海前卫村世界木化石馆位于前卫村内，是目前国内最大的木化石展馆，2004年5月建成开馆，展厅从木化石的形成说起，设有大漠风情、热带雨林、东南亚丘陵、江南水乡等四大板块，展出了聚宝盆、溶洞、树化玉等来自蒙古、缅甸、马来西亚、印度尼西亚和我国新疆侏罗纪时代的木化石，奇妙无比，还有溶洞、雨林吊桥等景观魅力壮观。该馆规模和品位堪称目前我国室内科学技术博物馆之最，在所有农村博物馆中是都是独一无二的。①（图3-3）

图3-3 前卫村世界木化石馆内的热带雨林

（二）藏品来源于多种途径，种类丰富

据了解，名村博物馆的藏品来源于多种途径，有征集购买、个人收藏、捐赠、发掘等。为获得藏品，有些名村花费了大量人力、物力、财力。最终使得藏品种类丰富。

村史馆类的藏品较多来源于征集购买，还有无偿捐赠、个人收藏等，个别来自考古发掘。北京市朝阳区高碑店村村史博物馆等藏品大部分来自村民的无偿捐赠。某些纪念类、专题类、民俗文化类博物馆如北京市朝阳区高碑店村中国科举匾额博物馆、手炉博物馆、山东省淄博市傅山村的毛主席影像纪念馆、江苏省常熟市蒋巷村江南农家民俗馆、四川省成都市郫县友爱乡农科村的川西农家民俗收藏馆等藏品来源于个人收藏。

---

① 上海前卫村木化石馆门前展示板：2016-11-20.

名村博物馆的藏品涉及了各个质地、类别，按质地，有陶器、石器、玉器、金银器、瓷器、化石、铜器、铁器、木漆器、玻璃类、纸质类、棉麻丝织类等；按类别，有雕塑造像类、书画类、钱币类、古籍图书类、度量衡器、生产用具、生活用具、文具、名人遗物、文件宣传品、音像制品等，[①]可谓文物的所有质地、类别都包括。

（三）展示手段多样化

在中国名村建立的博物馆中，有些馆不满足于实物、图片、文字相结合的传统静态展示方式，紧跟时代潮流，将多媒体等技术手段应用于展览中，起到了更好的宣传效果。

浙江东阳花园村陈列馆面积不大，设计简洁，投资800多万，采用了日本 LANETCO 系列产品中的部分，有机融合投影机融合、集中控制、全息影像、动画制作及互动触摸等最新计算机技术，将领导关怀、发展历程、创业创新、花园文化、村长论坛、名村名印、荣誉憧憬及大型沙盘模型等8个展厅，有序、合理地进行了处理，全面展示了花园村30年来快速发展的成就，[②]给广大观众耳目一新的感觉。该博物馆是目前浙江金华市展示陈列设施最先进的馆之一。（图3-4）

图3-4 花园村陈列馆展厅

① 李晓东.文物学：第1版 [M].北京：学苑出版社，2005：73-90.

② 花园村陈列馆门前展示牌：2016-11-21.

江南农家民俗馆，位于江苏省常熟市蒋巷村，是长三角地区规模最大、品种最齐、内涵最深的民俗馆，被誉为"中国江南农民博物馆"。馆于2007年9月对游客开放，主馆建筑面积达2000多平方米，馆藏2000多件物品，收藏和展示了江南水乡寻常百姓人家的所使用的生产、生活用品和用具，并结合蜡像和现代声、光、电等现代科技手段，真实地反映了江南农村水乡人家风土人情、民俗风情，场景展示地栩栩如生、活灵活现。在这里，游客可以穿越时空的隧道，回到从前，踩水车，推碾子，辨五谷，识古灶，看农具，体会传统农民一天劳作的辛勤，感受传统农业的乐趣，恍然置身于男耕女织、牧童笛声的年代。[①] 该馆很好地将实物、模型、图片和数字技术相结合，并实现了展览的互动体验，这在其他农村博物馆乃至所有博物馆中是展览做得较成功的。每年吸引了不少游客前来参观。（图3-5）

图3-5 江南农家民俗馆中的爆炒米、修阳伞

（四）社会教育与服务功能显著

很多名村博物馆的设立，很大程度上是为了满足社会教育和服务的需要，自运行以来，已在人民群众中起到了极其重要的宣传教育作用。博物馆中的村史馆类在这方面的社会效益尤为明显。

---

① 蒋巷村江南农家民俗馆 [N]. 常熟日报，2007-11-07（B02）.

如安徽凤阳小岗村"大包干"纪念馆。最初为大包干历史陈列馆，2006年投资建成"大包干"纪念馆，随着省内外越来越多的参观需求，2013年改扩建，2015年1月，"大包干"纪念馆新馆开馆，总建筑面积5500平方米，新馆在保留老馆珍贵史料的基础上，创造性地设计了多处复原场景。展馆分为溯源、抉择、贡献、巨变、展望、关爱六个部分。整个纪念馆以翔实的图片、文字、视频资料，丰富多彩地展示和表现手法，真实地再现了当年"大包干"从酝酿到发生到发展的全过程。[①] 通过参观"大包干"纪念馆，人们可以了解中国农村改革的渊源，更能被中国农民解放思想、实事求是、不怕风险、自力更生、艰苦创业的精神，相信群众依靠群众的精神所深深感染。随着改革的不断深化和市场经济的持续发展，大包干的历史功绩和精神动力将愈益显现。大包干纪念馆早已被列为全省和全市重要的爱国主义教育基地，也是滁州军分区及73658部队、73091部队、73042部队等部队官兵等开展政治教育活动的第二课堂。[②]（图3-6）

图3-6　安徽滁州市消防支队参观大包干纪念馆

小岗村另有沈浩同志先进事迹陈列馆。原为沈浩同志先进事迹陈列室，于2010年改建成陈列馆，2013年建成新馆，建筑面积1670平分为三大展厅，即序厅、主展厅、浩气长存厅，以核心，用叙事的方式回顾了沈浩在小岗村的工作经历和取得的主要成绩，全方位展现沈浩"公、正、忠、廉"的优秀

---

① 马玲.安徽凤阳小岗村大包干纪念馆新馆今日低调开馆[EB/OL].（2014-01-31）.http：www.people.com.cn.

② 张立红.大包干纪念馆[EB/OL].（2010-01-25）.http://news.qq.com/a/20100125/001486.htm.

品质，宣扬了沈浩的崇高精神。新馆开馆后，不断有观众前来参观，已逐步成为全国党员干部学习沈浩事迹、弘扬沈浩精神的重要教育地。[①]（图3-7）

图3-7 安徽省宣口单位组工干部在沈浩同志陈列馆门前重温入党誓词

（五）体现（反映）农村发展历史，具有浓厚的乡土气息

很多中国名村建立博物馆的主要目的之一，就是要今人及后人牢记本村的发展历程，和城市的博物馆不同，带有浓浓的乡土气息。浙江东阳市花园村建立的中国农村博物馆，和不少名村建立的村史馆、民俗馆、知青馆等，都很好地体现了这一点。

中国农村博物馆，位于浙江东阳花园村的文化广场内。2014年6月开馆，布展面积3200平方米，藏品1000余件，共有三层，下设政策制度馆、农村变迁馆、农村民俗馆、中国名村馆、中国江河源头馆、百村印章馆、领导关怀馆、村长论坛馆和花园村馆等分馆，以理论与实践、制度和发展、实物与影像等形式，反映了新中国建立以来不同时期党和国家对农村政策制度的变化，展示了以名村为代表的中国农村发展历程和发展成就。它的建立，呈现一部农村发展史诗，使人们了解中国农村的过去、现在和未来。[②]中国农村博物馆是一个全国性、综合性的博物馆，与其他综合性国有博物馆不同，它全面地展现整个中国范围内农村社会的发展过程印迹，无处不体现出乡土特色。（图

---

① 陈友田、张树虎. 沈浩同志先进事迹陈列馆完成布展即将开放 .（2013-11-27）.http: //www.ahnw. gov.cn.

② 卢曦. 一座博物馆：连接过去 描绘未来—中国农村博物馆发展纪实 [N]. 花园报，2014，12（9）：02.

3-8、图3-9）

图3-8　中国农村博物馆展的小方箩、谷　　图3-9　中国农村博物馆展的水桶、水钩担
　　　　筛、米筛

　　花园村另建有民俗馆，2012年7月，建成开馆，分为馆一、馆二，陈列了的各种农耕、农具、家居、器具、器皿等具有浓厚的地方特色和民俗风味的老物件，和婚庆、祭祀、织土布、做粉干和席草加工等反映当地特色民俗文化的非遗项目。事实上，一些非遗项目很多都已经被现代化机器所代替，然而，它们为展示古人的智慧起到了举足轻重的作用。"它们是历史的演绎者，将告诉后人更多的历史价值。"正如花园村党委副书记郭进武所说。民俗馆展示的江南民居、非遗项目以及农耕器具，无不诉说着一段又一段乡土历史文化特色。[①]（图3-10）

图3-10　花园村民俗馆内的石磨互动厅

<hr>

① 王江红，陈巧丹. 东阳花园有座民俗馆 老物件述说农村记忆 [N]. 浙中新报，2014-05-07（7）.

（六）场馆建筑类型多种多样

博物馆建筑是博物馆的重要标志之一，有特色的博物馆建筑会成为观众对博物馆的认知导向，对观众产生吸引力，使之获得初步的认知，并在此基础上使其产生了进一步寻求博物馆内容的欲望，能为大众参观博物馆设定较好的基础。中国名村博物馆的场馆建筑类型可以说多种多样，大体可分为以下几种。

1.仿古型

模仿古代某特色建筑，更引发观众兴趣。如华西村艺术博物馆，主展厅建筑和工作间均为仿古建筑，特别是主展厅按照北京故宫的太和殿与乾清宫以1：1原比例精心打造，并且融合了角楼、红墙等故宫建筑经典元素，真实展现了皇家宫殿的恢宏壮丽与奢华精致。[①]这样的建筑，既能在外观上彰显大气，且与展厅内价值较高的书画、刺绣、陶瓷等的文物相匹配，还能借助故宫的名气，使其更能吸引观众。据该馆每年都能吸引200多万名国内外游客前来参观。（图3-11）

图3-11　华西村艺术博物馆仿古型建筑

2.古民居型

利用新中国成立前甚至明清时期体现时代特点的民居，加以改造，作为博物馆场馆使用。民俗馆类博物馆采用此类的较多，如浙江东阳的花园村民俗

---

① 华西邮博物馆[EB/OL].（2013-07-08）.http：//www.chinahuaxicun.com.

图3-12　花园村民俗馆古民居型建筑

馆。2004年10月，花园村与周边九个自然村合并时，一边是新农村建设，一边是古民居，花园村党委书记邵钦祥斩钉截铁地表示，要修缮和保护这些农村的记忆。这些古民居有一栋"十一间头"、两栋"十三间头"以及一栋"廿四间头"。为了展示花园村国家AAAA级旅游景区的特色文化，两栋"十三间头"已经被开发成了花园村民俗馆，展示非遗项目及收藏农耕器具。由于民居建筑很有特色，加上代表农家生活的展品，吸引着一批又一批前来花园村旅游的游客驻足品悦。①（图3-12）

3. 徽派建筑型

采用明清典型的徽派建筑为特色，以北京市高碑店村有璟阁博物馆为代表。该馆2007年建成开放，占地3000平方米，包括从安徽迁移来的两幢房屋和一座剧院，这座建筑完全按照450多年前的安徽老宅复建，老宅主人是当年的一位二品官员。建筑纯木质结构，复建明清时期徽派建筑中最具代表性的设计：马头墙、小青瓦，梁柱上斗拱飞檐，隔扇上雕刻着全套三国故事，加上与之融为一体的石雕、木雕和砖雕。为了还原这座安徽老宅的原貌，小到一扇窗户，设计者也都完全按照徽宅结构，从全国各地找来年代相仿的木头雕刻而成。这座明清徽派建筑十分壮观，整座建筑分为上下两层，里面分为民居、宗祠、牌坊三大部分。②该馆徽派建筑特色浓重，体现了建筑艺术的精华，受到观众的特别青睐。（图3-13）

---

① 吴旭华，吕丽赟. 古建筑"标本化"的花园模式 [N]. 东阳日报，2012-06-13（6）.

② 华错. 北京高碑店复建450年前徽派建筑 [N]. 北京日报，2007-11-14（7）.

图 3-13　北京有璟阁博物馆

4. 现代型

较大部分的村史馆类、科学技术类、综合类博物馆均采用了现代建筑的式样。这种建筑虽然不能从外观上吸引观众，更有利于采用多种手段、多角度进行展示，使得馆内外一致，从而达到展览目的。

河南省新乡县刘庄村展览馆史来贺同志纪念馆，位于刘庄村两委会办公楼东侧，是一座新颖的三层建筑，整体看上去上宽下窄，紧靠着高高的六层观光平台。乳白色和淡黄色的外墙瓷砖，与蓝宝石般玻璃相间。朱红色铜钉门，极富民族风格。大门正上方，高悬着13个大字：刘庄展览馆史来贺同志纪念馆。该馆2010年建成，建筑面积4000多平方米，纪念馆内层的玻璃门由微波感应控制。馆内场景共分12个展厅，呈螺旋式上升。除了丰富的照片、文字、展品外，还采用先进的声、光、视频等展示手段和蜡像，全面展现了史来贺同志光辉的一生和刘庄的发展史。[①] 这种建筑，是现代建筑中较有特色的，馆外设计和馆内展示也相匹配，对展览效果起到重要的烘托作用。（图3-14）

---

① 朱金明，韩世平．深读史来贺 —刘庄展览馆史来贺同志纪念馆写意 [N]．新乡日报，2013-09-25（A01）．

图 3-14　刘庄史来贺纪念馆

（七）已取得了一定的社会效益，社会反响较好

随着时代的发展，博物馆不仅是文物收藏、展览机构，还是群众享受文化权益，培养审美情趣、熏陶道德情操、爱国主义以及民族文化教育的重要场所。博物馆担负着丰富群众精神文化需求、弘扬民族传统文化、促进国家精神文明建设、提高国家文化软实力、传承人类历史文明等社会效益的重要使命。[①] 博物馆的这些社会效益针对中国名村博物馆也同样适用。

经调查发现，名村博物馆自出现以来，已取得了一定程度的社会效益，社会反响较好，如历史类博物馆中，特别是村史馆，已成为本村甚至本省市的爱国主义教育基地；民俗类博物馆有效地宣传了当地的文化遗产，传承、保护了特色的乡土文化；科普类博物馆是对青少年进行科普教育的重要阵地，青少年从中学习了不少的自然科学知识；艺术类博物馆更是满足了人们艺术方面的需求，使人们从中受到艺术熏陶，感受艺术的魅力；综合类博物馆让人们了解了中国农村社会的总体发展历程、发展特点、特色文化等。

很多名村博物馆对本村社会文化、旅游事业发展做出了重要贡献。如北京市房山区韩村河镇韩村河村社会主义新农村建设展览室、农耕展览馆两个博物馆就坐落于鲁班公园内，是本村进行文化发展、旅游建设不可分割的一部分。社会主义新农村建设展览室，演绎了韩村河发展的历史，教育了今人和后人，富而思源、富而思进，提高了村民的思想文化素质。农耕展览馆，

① 王代乾.博物馆社会效益刍议 [M].金田，2013：88.

农耕器具300多种，真实再现农耕文化的历史变迁。更是本村旅游的亮点，现韩村河村平均每年接待游客10万人次，社会反响良好。①

三、中国名村博物馆的运营机制

中国名村博物馆的运营机制，从运营权归属、运营经费支持等方面考虑，可分为以下三种类型。②

（一）个人收藏型

即收藏者以自行购买、租赁等方式组成馆舍，利用个人收藏而建立起来的博物馆。北京市朝阳区高碑店村的中国科举匾额博物馆、手炉博物馆、银帝艺术馆等博物馆为这一类型的代表。一些收藏家认识到藏品是社会文化财富，有意将藏品向社会公众开放，从而建立博物馆。以藏会友，交流、展示、传播中国优秀的文化遗产，是建馆的宗旨，因此，这类馆主要活动限于展示、交流、开放时间不固定，一般为免费开放。这类馆藏品源于个人收藏，工作人员以收藏者为主，有一定的业务知识，或雇佣临时人员1至2人。经营权完全归收藏者个人，运营经费主要来自个人，有的馆有一定的经济压力，影响博物馆的长期发展。

北京朝阳区高碑店村的中国科举匾额博物馆，原为北京科举匾额博物馆，2007年11月开馆，仿古两进四合院，占地面积约3000平方米，仿古建筑面积2600平方米，共分五个展厅，展示了历代与科举制度有关的石匾与木匾500多方，藏品全部来自姚远利先生的个人收藏。馆长说，希望通过这些私人藏品的公之于众，激发起更多人对传统文化的兴趣，通过博物馆这一载体，表达一种文化担当——推动当代人透过科举匾额，认识科举文化，继而弘扬传统文化。建设这所馆，几乎用尽了姚先生的全部积蓄800多万，每年博物馆需花费60万元才能维持正常运转，姚先生说：自己背负着巨大的资金压力。③

---

①　北京市房山区韩村河镇韩村河村 [J/OL]. http: //www.tcmap.com.cn/beijing/fangshanqu_hancunhezhen_hancunhecun.html.

②　徐旭倩.苏州地区民办博物馆的调查研究 [D]. 南京：南京师范大学，2014.

③　北京科举匾额博物馆 . http: //www.bjkeju.cn.

（二）国助民办型

即政府在出资建设馆舍或在资金补助方面提供优惠政策或指导性意见，有的为政府与民间联合办馆，大部分靠民间自主创办。大部分中国名村博物馆属于这一类。名村为牢记本村发展历史，或发展社会文化事业或旅游业，或传承本村文化遗产的需要，建立起不同类型的博物馆。虽类型不同，但博物馆均是在政府给予一定指导或优惠政策下，由村大胆创办。全部的资金投入，从馆舍建设到建立后日常的运营经费均有本村的经济收入来支出，长期运行，发展的快慢取决于村经济发展状况。藏品或者来自个人捐赠，或来自征集购买，一般有1名负责人员，2至3名的工作人员，专业人才极少或没有。日常以展览为主，内容长期保持，很少更换。开放有的需门票，有的免费。经营权归村集体所有或旅游公司与村共同所有，有的馆也会承包给个人，每年缴纳承包费。

江苏省常熟市蒋巷村江南农家民俗馆，坐落在常熟市蒋巷村生态园内，建成于2007年9月，主馆建筑面积达2000多平方米，馆藏2000多件物品。馆内采用朴实无华的模型，涵盖江南农民生产生活各个方面，展示江南农家的民风民俗，被誉为"中国江南农民博物馆"。该馆由政府下属的旅游公司与村联合办馆，总投资超一千万元，[1]是当地政府为结合蒋巷村的社会主义新农村建设，也为了常熟发展旅游的新亮点而建立的博物馆。江南农家民俗馆的藏品由村民收藏家沈月英私人提供，日常提供展览参观，门票与其他景点联票，馆有馆长1人，工作人员3名，专业人员1名，运营权归旅游公司所有，运营经费由旅游公司、村共同承担，门票收入可抵消部分支出。

（三）民企兴办型

即企业自主投资创办运行的博物馆。企业建馆的主要目的是借助博物馆来扩大自身的影响力。这类在中国名村博物馆中很少，以山东省邹平县韩店镇西王村的西王展览馆最为典型。这类馆的建馆投资、日常运营的人员、馆舍维护等经费主要依赖于企业，只要企业资金雄厚，就能保证博物馆的正常运行。这类馆的藏品一般极少，也来自企业收藏。经营权归企业所有，一般

---

① 蒋巷村江南农家民俗馆 [N]. 常熟日报，2007-11-07（B02）.

企业会雇佣1至2人工作人员管理博物馆的日常事务，如接待新员工或领导了解企业发展等，馆内无专业技术人员。参观均为免费，无须门票。企业建立博物馆既为社会公益事业做出了贡献，也有效地宣传了自身企业文化，提高了企业的社会信誉度和影响力。

山东省邹平县韩店镇西王村的西王展览馆，位于西王集团办公楼内，2011年建成，由西王集团花费巨资投资兴建。该馆以文字、图片、模型等形式，展示了西王集团的由小到大的发展历程、发展规模、产业布局、发展状况、战略规划等各方面情况。西王集团历来重视文化建设，展览馆是宣传文化的重要窗口之一。通过员工参观，增强了员工们忠诚企业、奉献西王的责任感和使命感，内化成强大精神动力，从而促进企业可持续发展。该馆也是领导、外地企业伙伴等详细了解企业的重要地点。该馆藏品仅有几件最初的旧设备，来自企业旧藏。展览馆的日常运经费自然由西王集团支持，由于企业资金雄厚，目前运行较好。经营权归西王集团所有，人员由集团安排1名人员负责，无专业人员，参观也无门票。西王展览馆自建立以来，为西王集团的文化建设做出了重要贡献，促进了企业社会影响力的提高。[①]

四、中国名村博物馆存在的问题

目前，中国名村博物馆总体上有了一定的发展。但由于大部分博物馆建立只有十年左右的时间，还处于起步阶段，在管理、人才、制度、藏品、社会教育和服务、文创产品、社会开放程度等方面还存在这样或那样的问题。主要有：

（一）管理体制不合理

对于大部分国助民办型的名村博物馆来说，在管理体制方面还存在较大的问题，如管理权和经营权混乱，权责划分不清，多头管理，职能不明确。一方面博物馆由政府指导管理工作但日常经营由名村主持，使得名村缺乏自主性、灵活性，在实际工作中很难把握。另一方面不同的博物馆在业务上属于不同的业务部门管理，除文化主管部门外，还涉及科技、教育等部门，导致博物馆缺乏统一的行业管理和行业规范。出现这种状况这是有根源的，国

———————

① 西王集团 .http：//www.xiwang.cn.

助民办型的名村博物馆属于民办博物馆，在我国共有组织机构六类，即国家机关、政党机关、事业单位、社会团体组织、企业、民办非企业单位。根据《民办非企业单位登记管理条例》和《民办非企业登记管理暂行办法》将民办博物馆划分为民办非企业单位，所以国助民办型的博物馆为民办非企业单位。而按照现行法律法规，国有博物馆属于事业单位。这样，国助民办型的名村博物馆在机构体制上与国有博物馆不同，使得在实际工作中受到两种待遇。[①]

管理体制不合理，导致如机构设置简单或不合理、制度缺少或不健全、展览活动较少、藏品管理不善等问题出现，一些好的建议得不到实施，出现问题反而相互推诿。如此长期势必影响博物馆的运行，更别说更好的发展。

（二）人才缺乏

博物馆工作的专业性、学术性、思想性较强，需要参与其中的人知识面宽泛、专业知识丰富，这无疑对博物馆工作人员的学历、专业水平和研究能力等各方面，提出了较高的要求。而调查发现，在名村博物馆中，有学历、能力又具备专业知识和研究能力的管理人员、专业技术人员少之又少，与博物馆本身的要求有很大差距。大部分博物馆对人才不够重视，展厅内只有2名左右的临时性工作人员看管，这些人员专业水平、研究能力非常有限，不能给参观者提供很好的讲解等服务，造成展览工作不规范，影响了博物馆的服务水平；缺乏文物征集、文物保管、维护修复以及馆藏藏品研究等方面专业人才，使得文物保护工作不到位，甚至某些工作无法开展；这些都一定程度上影响了博物馆的形象，不利于博物馆的长期发展。

（三）制度不健全

没有规矩，不成方圆。博物馆更是如此，必须有制度的支撑才能稳定运行。经过调查发现，中国名村博物馆普遍存在制度不健全的问题。大部分名村博物馆没有建立相应的管理、展览、藏品、安全保卫等方面的制度，仅有供参观者了解的《参观须知》或《游览须知》；制度健全的博物馆极少，仅见花园村中国农村博物馆、华西村艺术博物馆在制度建设方面做得相对全面，在各个方面都建立了相应的规章制度，调查参观时看到《华西村博物馆2013

---

① 孙振南.民办博物馆推行 NGO 模式的探索 [D].西安，西北大学，2013.

年免费／收费讲解管理办法》，规定较为细致。

规章制度不健全，就会造成博物馆工作效率不高或资源浪费。一旦出现问题，也无章可循。长此以往，势必影响博物馆稳定，更谈不上发展。各中国名村博物馆必须对此问题高度重视。

（四）藏品的保护、研究功能较弱

较多的名村博物馆从建馆的目的出发，较注重博物馆的教育和社会服务功能方面，而忽视了对藏品的保护、研究，加上缺乏专业人才，或有专业人才也没有这方面的兴趣或压力，致使研究工作难以开展或没有开展，致使名村博物馆的这一功能较弱。经调查，只有中国农村博物馆成立了博物馆研究院作为研究基地，开展了一些关于藏品的研究工作，而其余大部分名村博物馆在藏品的保护、研究功能方面的工作尚处于弱势地位。

藏品需要保养，保养也是一门学问，且质地不同，保养方法不同。金银器、铁器、铜器等金属器易生锈，纸质品、棉麻丝织等有机质地藏品对温湿度要求较高，如果不能及时得到保养，就不能长时间保存，价值就会大大较低，甚至"短命"。[①]

对藏品研究就是发现藏品其中的奥秘。藏品自身的内涵，需要研究发现。藏品具有历史、科学、艺术价值，[②]其价值如何，只有通过研究才能做出正确的判断。如果不对藏品研究，不了解其内涵、价值，就不能很好地发挥藏品的作用。

藏品的保护、研究是博物馆工作的重要组成部分，忽视这些，博物馆的工作就缺失了重要的一环。

（五）博物馆社会教育与服务功能的特色不鲜明，成效一般

中国名村博物馆涵盖了四种类型，类型全面，每一类甚至每一个博物馆各有特色。较多的中国名村博物馆的社会教育和服务功能显著，但特色不够鲜明。[③]一方面展览内容长期不更换，形式单一，而且没有结合群众生活实际，展览不能长期吸引观众参观，开馆后短时间内来参观的观众较多，时间一长

---

① 王宏均．博物馆学基础 [M]．上海：上海古籍出版社，2001：201．

② 李晓东．文物学：第1版 [M]．北京：学苑出版社，2005：16．

③ 杜刚．论博物馆的社会教育与公共服务功能 [J]．沧桑，2014（1）：196．

观众越来越少；另一方面展览没有突出本馆的特色、本地区的地域文化，让观众感觉和其他馆没有什么两样，来馆参观没有新的收获。

这些名村博物馆在社会教育和服务功能方面没有发挥出特色，致使成效一般，甚至微弱，一定程度上影响了博物馆的社会形象和影响力，应采取措施改变。

（六）文创产品研发不够重视

文创产品即文化创意产品，其有或无、好与否，直接关系到博物馆对观众的吸引力和博物馆的可持续性发展。故宫博物院、南京博物院等国内一级博物馆在文创产品研发方面较为重视，取得了一定成绩，研发了较多的文创产品，很受参观者喜爱，而其他的有些博物馆这方面工作做得相对少一些。对于中国名村博物馆来说，这方面更是弱项。实地调查时，只在大包干纪念馆内见到印有十八个人手印的"扇子"，黄色的纸面上，记录了农村社会历史转折的重要时刻，这就是一个很好创意产品，能吸引观众购买，其余一些名村博物馆在这方面几乎处于空白。忽视文创产品的研发，就忽略了博物馆营销和宣传，降低了博物馆的活力和吸引力，中国名村博物馆必须对此方面引起高度重视。

（七）社会开放程度不高，横向联系少

应该说，不少名村博物馆在社会开放程度方面还是较高的，相对有些名村博物馆而言，社会开放程度不高，如在门票规定和馆址选择上就可以看出，他们与相关部门的横向联系偏少。

门票规定是一个重要问题，关系到博物馆的观众量。而有些名村博物馆门票很高，如华西博物馆与世界公园实行联票制，每人55元，花园村民俗馆与菊花展也是联票制，每人60元，这样的价格对普通百姓来说不免有些高，毕竟村内其他的景点还要花费，自然会使一部分观众望而却步。从全国看，自2008年国家文物局下达关于博物馆免费开放的通知[①]后，越来越多的国有博物馆现在免费开放；2015年国务院颁布的《博物馆条例》，国家鼓励博物馆向公众免费开放。[②]而有些名村博物馆的门票规定与免费开放的整体趋势不相

---

① 中共中央宣传部、财政部、文化部、国家文物局.关于全国博物馆、纪念馆免费开放的通知：中宣发[2008]2号[A/OL].（2008–01–23）.http://jkw.mof.gov.cn.

② 中华人民共和国国务院.博物馆条例：国务院令659号[A/OL].（2015–03–02）.

适应，将会减少参观者的数量。这就需要有关名村博物馆的管理者进行思考。

博物馆的位置很重要，有些名村博物馆位置偏僻，不便于寻找，如花园村陈列馆（即村史馆），位置就有些偏，如果不问问村民或不看村里的地图，是很难找到的。陈列馆展现的是花园村的发展史，对村民来说非常重要，在这个不明显的位置怎么便于大家熟悉并铭记呢？还有上海崇明县的前卫村村史馆，建在了瀛洲古文化村里面，感觉这样同在一个院子里不太相匹配，毕竟展现的是不同时期、不同性质的内容，应单独建在一个较明显的位置才好。

有些名村博物馆与相关部门，如本区域内相邻博物馆、当地中小学、旅游机构等，缺乏横向联系，闭门自守，错失了一些让外界了解自己的机会，直接影响了博物馆的社会知名度。

第四节　中国名村博物馆建设愿景

一、对中国名村博物馆的建议

鉴于中国名村博物馆在以上几方面存在的问题，特提出如下建议。

（一）建立合理的管理体制

对于管理体制不合理的国助民办型的博物馆而言，首先，政府行政部门处于宏观管理地位，对于"民办非企业"的定义应进行调整，尽量减少其与国有博物馆在政策上的差别，实现其与国有博物馆具有同等的法律地位；在场馆建设或日常的运行政策上给予国助民办型的博物馆适当优惠，并完善相关的法律法规，使这些博物馆有法可依；其次，文物部门处于业务指导地位，应加强对这些博物馆的专业指导。[①] 如在陈列展览、藏品管理等业务方面给予积极的建议或出谋划策，保障博物馆的正常运行，以利于博物馆的长期发展。再次，名村处于主人翁地位，不能过分依赖政府及其他部门，应从自身优势出发，发挥主观能动性，想方设法增强自身造血功能，使博物馆得以长久发展。

---

① 刘修兵.关于促进民办博物馆发展相关政策即将出台 [N].中国文化报，2009-11-20（1）.

　　若要从根本上使管理体制合理，亦可借鉴外国先进经验，实行董事会制度。董事会制度是伴随股份制发展起来的一种管理制度，已成为现代公司治理的基石，越来越被西方博物馆所采用，在我国还处于尝试阶段。董事会有三种形式，无论采用哪一种，都必须从博物馆的利益出发。[①] 国助民办型的博物馆应从本馆实际出发，多考察研究后，选择适合自身的形式。还有要严格遵守国家相关法规以及《国际博物馆协会职业道德准则》的要求，健全以理事会（董事会）、监事会为核心的法人治理结构，完善博物馆章程和发展规划，依法自我管理、科学运行，承担相应的社会义务。[②]

　　（二）加强人才队伍建设

　　每个中国名村博物馆应从自身实际出发，根据馆的性质、规模、职能、活动等多方面的需要构建并培育人才队伍。

　　要从年龄、学历、资历、专业知识、品德等角度全方位选拔、培养、配置博物馆需要的人才。要从整个博物馆的管理考虑，可配有1至2名的管理者，其既有管理能力，又具备一定专业知识；为了展览和藏品管理的需要，必须配备2名左右的专业水平较高的人才；其余的工作人员可以招募志愿者或合同制人员，但也应要求其热爱博物馆事业。更为重要的是，各类人员录用要经过严格的筛选程序：先体检，确定身体健康后考试，考试合格后可试用三个月，其中有一个月的综合培训，了解和掌握博物馆的基本工作程序和规律，熟悉藏品，结束后再进行考核，最终考试情况结合试用期工作状况决定是否录用。

　　除此以外，博物馆管理者需不定期组织馆内所有工作人员进行培训学习，以在馆内聘请业务专家讲座，或参加博物馆的相关活动等形式，适应形势不断发展的需要；可引入职称评定机制，并与工资挂钩，有利于吸引文博专业毕业生及行业内人才的流动。还可不定期举行业务知识竞赛、文体活动等，优胜者奖励，以激励工作人员学习业务知识、增加馆工作人员的凝聚力。

　　（三）健全各方面制度

　　2015年颁布的《博物馆条例》第三章的第十七条指出："博物馆应当完善

① 石京生.国内博物馆欲试水董事会制[J].艺术市场，2012（8）：36.
② 刘修兵.关于促进民办博物馆发展相关政策即将出台[N].中国文化报，2009-11-20（1）.

法人治理结构，建立健全有关组织管理制度。"①中国名村博物馆同样需要健全的制度作保障，才能正常有序地开展工作。博物馆的规章制度主要包括：日常工作制度、藏品库房管理制度、文物鉴定与修复制度、展厅管理制度、讲解员服务制度、安全保卫制度、员工培训制度、考核制度等，各名村博物馆应根据自己实际，着重加强其处于弱项的制度，使各方面工作都有章可循。工作制度建立后，关键在于严格遵守执行，遇到问题时按规定规范处理，做到一视同仁。否则，制度形同虚设，博物馆也就无法实现科学管理。

（四）加强藏品的保护、研究

藏品的保护，是为了更好地展览、研究的需要；藏的研究，是博物馆基本三大职能之一，也是揭示藏品的内涵、价值。藏品的保护、研究需要有专业水平较高的人才参与。

对于藏品的保护，博物馆应根据馆藏品的质地分别存放于不同的库房，并定期进行维护、保养，同时做好照相、文字的记录，一旦发现生锈或损坏迹象，应及时聘请专家进行修复。用于展览的文物，注意展厅内灯光、温湿度等对展品的影响，最大限度地降低对文物的不良影响。②

对于藏品的研究，对大部分名村博物馆来说可能是件难事。需要具有一定的专业知识，可以先从本馆为主的某类藏品开始研究，挖掘其中包含的"故事"，然后由小及大，扩大范围，进行综合的探讨。研究时采取多种研究方法，如横比和纵比，即多与其他博物馆的类似文物和时代不同文物比较，才能得出正确的结论。对于研究重要的是要坚持，坚持做下去，肯定会有收获。

（五）突出社会教育与服务功能方面的特色，增强成效

对于很多中国名村博物馆而言，发挥社会教育与服务功能方面要突出特色。陈展内容、形式如何，是决定博物馆教育功能是否充分发挥的重要因素，丰富博物馆社会教育和服务功能的发挥主要依靠展览。因此，这些博物馆可从以下几方面做工作。③

①　中华人民共和国国务院 . 博物馆条例：国务院令 659 号 [A/OL] .（2015–03–02）. http：www.gov.cn.
②　王宏均 . 博物馆学基础 [M]. 上海：上海古籍出版社，2001：222–245.
③　黄强 . 试论博物馆社会教育职能的发挥 [J]. 牡丹江教育学院学报，2005（4）：122.

1. 丰富展览内容

博物馆应坚持求新求精办展览，展览内容应定期更换，在基本陈列展览的同时，考虑根据不同年龄段的参观者，如分青少年和老年，引进不同的专题展览；展览内容还要注重结合社会热点，注重贴近群众生活，更能抓住参观者的心理，这样才能使观众来馆有所收获。

2. 扩展展览形式

一方面展览不应拘泥于室内，应采取走出去的形式，采取展板、讲解等多种形式，走入城市、周围农村等，做好巡展工作，让更多的观众了解博物馆。在进行展览讲解时避免枯燥，寓教于乐，声情并茂，有较强的感染力，使观众在轻松愉快的气氛中学到知识。

3. 多举行与观众的联谊活动

可以建立博物馆会员的形式，利用节假日与会员举办联谊活动。如不定期举办文物鉴定活动、社会捐赠活动、针对学生的夏令营活动等等，以此拉近与观众的距离，扩大博物馆的社会影响力，提高博物馆的社会形象。

无论采取何种方法，都应以突出本馆特色、本地域文化为关键点。博物馆是名村的博物馆，应展现出本名村博物馆与其他馆相比突出的特点，展现本村的发展历史，展现当地特色的传统文化。

采取以上措施，能使博物馆在发挥社会教育与服务功能方面特色鲜明，长期坚持，就能有显著的成效。

（六）重视文创产品研发

文创产品不但可以带来经济效益，还能增强博物馆的形象、活力，带来良好的社会效益。《博物馆条例》明确指出："国家鼓励博物馆挖掘藏品内涵，与文化创意、旅游等产业相结合，开发衍生产品，增强博物馆发展能力。"[①] 近几年，文创产品研发已经被越来越多的博物馆重视。中国名村博物馆也应尽快适应这一趋势，重视这方面工作，在博物馆的业务范围内对藏品做进一步的开发研究，满足参观者的文化需求和服务需求。

文创产品研发可以选择本馆馆藏文物精品或者造型上特色鲜明的藏品入

---

① 中华人民共和国国务院.博物馆条例：国务院令659号 [A/OL].（2015–03–02）. http: www.gov.cn.

手，在不违背相关规范的前提下，选择有特色的文物进行复制，或更进一步，按照其独特造型制作某种实用产品，必须达到制作精良，雅俗共赏。如两壶博物馆可选择具有特色的紫砂壶、鼻烟壶进行复制，既具有实用性，又满足现代人使用"历史物品"的愿望，既增加了博物馆的收入，又具有很强的观赏价值，可作为家庭装饰物。其他名村博物馆尤其是民俗类馆、艺术类馆更具有很大的文创产品研发空间，村史类馆如果将体现本馆特色的藏品融入文创产品中，更能让人们记住本村的历史，增强展览效果。各博物馆还可将文物或研究内容编写成书出版，注意需迎合大众口味，有趣味性。

（七）加大社会开放程度，加强横向联系

社会开放程度的大小，关系到博物馆的知名度、认可度，有些中国名村博物馆需要加强这方面的工作。

对于社会开放程度较低的名村博物馆而言，需在馆址、门票规定等方面做出改变。馆址上，应选择视野空旷、文化或活动中心、人员集中的地区，使外地参观者容易找到；门票规定上，尽量顾及大部分普通百姓的承受力，合理定价，不宜过高，有条件的可考虑免费。

不仅如此，中国每个名村博物馆应加强横向联系，包括馆与馆之间不定期的相互参观交流学习，借鉴其他馆的好的管理方法、展览方式或其他为本馆所用；或与本省相邻馆合作，推出某项展览活动，各个馆都扩大了影响力；或者本馆与当地中小学校联合，做某段时间的教育专题展览，博物馆、学生双方均收益；或与旅游部门联系，加入某些旅游活动中等多种方式。长此以往，中国名村博物馆的知名度、影响力、社会形象都会大大提升。

中国名村博物馆如果能够从实际出发，妥善解决以上问题，取长补短，就一定能实现更好的发展。

二、对中国名村博物馆的展望

中国名村博物馆将呈现怎样的发展趋势？根据目前的发展状况，笔者认为，将会在以下几方面有所发展。

（一）已建立的博物馆实现长远发展

对于已建立的名村博物馆，将充分发挥自身优势，逐渐改正存在的不足，扬长避短，实现长久稳定发展。已经拥有博物馆的名村会越来越充分认识到：博物馆既是名村发展历史的见证者，又是文化遗产的保护者，还是社会事业发展（特别是文化发展）的重要支撑；博物馆会产生一定的经济效益，更重要的是长期会带来巨大的社会效益。已建立博物馆的名村因此会不断加大投入，采取得力措施，极力促进博物馆的发展。无论从哪个角度讲，各项有效的措施必将推动名村博物馆实现其长远地发展。

（二）名村博物馆从数量和规模上将呈现迅速上升的态势

调查显示，在100个名村中有68个名村未建立博物馆，占到名村总数的一半以上，而历时几年评选出来的中国名村的数量远远多于100，因此事实上更多的名村中还未建立博物馆。已建立名村博物馆的32个名村，会成为一种带动力量，促使其他名村纷纷效仿。未建立博物馆的名村在参观交流学习后，已经认识到博物馆在见证名村变革发展的轨迹、促进名村今后更大发展中所起到的重要作用，会结合本村实际，建立相应的博物馆。已建立的名村博物馆，有的会根据实际需要进行扩建。这样，中国名村博物馆的数量、整体和个体的规模将会明显显示出大幅度上升的态势。

（三）名村博物馆在分布上日趋合理 地域特色更加鲜明

中国名村地区分布上不很合理的客观因素，加上名村的重视程度、发展规划不同，使得名村博物馆在全国的分布不甚合理。有的名村博物馆较多，如北京市朝阳区高碑店村有13个，而大部分名村仅有一个博物馆，而且，100个名村中有68名村尚未建立博物馆；从全国范围看，名村博物馆这种分布不均的情况，不利于博物馆事业的整体发展。随着更多地区会出现更多名村，和名村逐渐认识到博物馆的重要性，建立起自己的博物馆，加上国家对边缘地区博物馆建设重视的政策，名村博物馆将会在各个区域不断增加，布局会趋向合理化。中国地大物博，各地景色不同，风土人情各异，各博物馆将会不断深入挖掘、展示本区域的特色文化资源。这样全国各地名村博物馆的发展将呈现一种地域特色鲜明，各地异彩纷呈的状态。

（四）名村博物馆将树立既全面又不断向前的发展理念

已建立的名村博物馆只有十年左右的历史，在展览、藏品、整体管理等方面经验不足，有些已制约了博物馆的发展；未建立但即将要建立博物馆的名村，更是缺乏相关经验。为了博物馆的长期发展，已建立和将要建立的所有名村博物馆，其所有者、管理者会不断学习和借鉴国有博物馆甚至国外博物馆先进的展览方式、科学的藏品管理方法、高效的运营管理模式，结合自身实际予以采用，使博物馆各方面得以完善，实现全面发展。如在资金允许的情况下可进行数字博物馆的建设，引进藏品管理系统进行藏品管理，等等。①并且在此基础上，紧跟时代发展脉搏，及时了解博物馆发展方面的前沿信息，把握其中走向，以采取相应的发展思路，与之适应。无论名村博物馆如何发展，有一点会始终保持，就是为人民群众服务、为社会发展服务的根本宗旨不会改变。

（五）名村博物馆的地位逐步提高

名村博物馆的地位包含两方面含义。一方面指在名村中的地位，另一方面指在博物馆总体中的地位。目前，现有的名村博物馆已在名村社会文化建设中有着举足轻重的地位，有些已成为名村进行村史宣传教育的重要基地，发展旅游事业不可缺少的一部分。名村博物馆规模的不断壮大，发展的不断改善，将会在名村社会事业中发挥越来越重要的作用，因此在名村中所占的地位将逐步提高；另外，随着名村博物馆规模实力的不断发展，在中国博物馆总体中所占的份额将大大增加，更重要的是为博物馆整体的全面发展增添了重要力量，促使博物馆成为国家文化建设的重要力量，社会和谐发展的重要组成部分，这也会使名村博物馆在博物馆总体中的地位随之提高。

以上的展望是建立在一定的事实基础之上，并结合了博物馆发展的趋势特点，因此具有实现的可能性。只要各个名村对博物馆的建设主观上重视，措施上得力，就一定如展望的那样，实现博物馆的又快又好发展。

---

① 吴玲娜.试论博物馆未来发展趋势 [J].东方教育，2015（3）：432.

参考文献

[1] 雷长林，李富义.中国农村发展史 [M].杭州：浙江人民出版社，2008：1.

[2] 中国村社会发展促进会.（2017-01-01）.http：//www.village.net.cn.

[3] 徐驰，甄浩鹏.2014全国名村影响力300强出炉，河南17个村庄入选 [EB/OL].（2014-11-02）.http://henan.people.com.c/n/2014/1102/c35 1638-22784462.html.

[4] 金光强，王江红.花园村荣膺"中国十大国际名村" [N].东阳日报，2016-09-26（1）.

[5] 陈美文.2016中国名村影响力300强出炉大寨第4，皇城第9[N].山西日报，2016-12-13（5）.

[6] 王宏均.博物馆学基础 [M].上海：上海古籍出版社，2001：36.

[7] 宋向光.国际博协"博物馆"定义的新调整 [EB/OL].（2011-10-25）.http：//blog.sina.com.cn/zggxbwg.

[8] 王宏均.博物馆学基础 [M].上海：上海古籍出版社，2001：38.

[9] 文化部.博物馆管理办法：令第35号 [A/OL].（2016-01-09）.http：www.gov.cn.

[10] 中华人民共和国国务院.博物馆条例：国务院令659号 [A/OL].（2015-03-02）.http：www.gov.cn.

[11] 单霁翔.建立整合、包容、开放的中国博物馆 [N].中国文化报，2011-5-01（6）.

[12] 李冰，魏萌萌.简论博物馆在社会文化发展中的重要作用 [J].现代经济信息，2016（8）：01.

[13] 王紫墅，孙霄.试论博物馆的职能定位与科学发展 [J].中国博物馆，2007（2）：22.

[14] 张才红.博物馆与社会文化服务 [J].躬耕，2012（5）：59.

[15] 叶四虎.浅论博物馆与文化遗产的保护 [C]// 见：浙江省博物馆学会2006年学术研讨会文集，2006.

[16] 陈玲，凌振荣．博物馆在文化遗产保护中的作用 [J]．南通纺织职业技术学院学报，2010（6）：88-89．

[17] 中国大百科全书总编辑委员会《文物·博物馆》编辑委员会．中国大百科全书·文物 博物馆：第1版 [M]．北京：中国大百科全书出版社，1993：49．

[18] 天下第一村—华西村．（2013-07-08）．http：//www.chinahuaxicun.com．

[19] 上海前卫村木化石馆门前展示板：2016-11-20．

[20] 李晓东．文物学：第1版 [M]．北京：学苑出版社，2005：73-90．

[21] 花园村陈列馆门前展示牌：2016-11-21．

[22] 蒋巷村江南农家民俗馆 [N]．常熟日报，2007-11-07（B02）．

[23] 马玲．安徽凤阳小岗村大包干纪念馆新馆今日低调开馆 [EB/OL]．（2014-01-31）．http：www.people.com.cn．

[24] 张立红．大包干纪念馆 [EB/OL]．（2010-01-25）.http：//news.qq.com/a/20100125/001486.htm．

[25] 陈友田、张树虎．沈浩同志先进事迹陈列馆完成布展即将开放 [EB/OL]．（2013-11-27）.http：//www.ahnw.gov.cn．

[26] 卢曦．一座博物馆：连接过去 描绘未来—中国农村博物馆发展纪实 [N]．花园报，2014-12-09（2）．

[27] 王江红，陈巧丹．东阳花园有座民俗馆 老物件述说农村记忆 [N]．浙中新报，2014-05-07（7）．

[28] 华西邮博物馆 [EB/OL].（2013-07-08）.http：//www.chinahuaxicun.com．

[29] 吴旭华，吕丽赟．古建筑"标本化"的花园模式 [N]．东阳日报，2012-06-13（6）．

[30] 华锴．北京高碑店复建450年前徽派建筑 [N]．北京日报，2007-11-14（7）．

[31] 朱金明，韩世平．深读史来贺 —刘庄展览馆史来贺同志纪念馆写意 [N]．新乡日报，2013-09-25（A01）．

[32] 王代乾．博物馆社会效益刍议 [M]．金田，2013：88．

[33] 北京市房山区韩村河镇韩村河村 [J/OL]．http：//www.tcmap.com．

cn/beijing/fangshanqu_hancunhezhen_hancunhecun.html.

[34] 徐旭倩.苏州地区民办博物馆的调查研究 [D].南京：南京师范大学，2014.

[35] 北京科举匾额博物馆.http：//www.bjkeju.cn.

[36] 蒋巷村江南农家民俗馆.常熟日报 [N]，2007–11–07（B02）.

[37] 西王集团.http：//www.xiwang.cn.

[38] 孙振南.民办博物馆推行 NGO 模式的探索 [D].西安，西北大学，2013.

[39] 王宏均.博物馆学基础 [M].上海：上海古籍出版社，2001：201.

[40] 李晓东.文物学：第1版 [M].北京：学苑出版社，2005：16.

[41] 杜刚.论博物馆的社会教育与公共服务功能 [J].沧桑，2014（1）：196.

[42] 中共中央宣传部、财政部、文化部、国家文物局.中共中央宣传部、财政部、文化部，国家文物局关于全国博物馆、纪念馆免费开放的通知：中宣发 [2008]2号 [A/OL].（2008–01–23）.http：//jkw.mof.gov.cn.

[43] 刘修兵.关于促进民办博物馆发展相关政策即将出台 [N].中国文化报，2009–11–20（1）.

[44] 石京生.国内博物馆欲试水董事会制 [J].艺术市场，2012（8）：36.

[45] 王宏均.博物馆学基础 [M].上海：上海古籍出版社，2001：222–245.

[46] 黄强.试论博物馆社会教育职能的发挥 [J].牡丹江教育学院学报，2005（4）：122.

[47] 国务院.博物馆条例 [A/OL]：国务院令659号.（2015–03–02）.

[48] 吴玲娜.试论博物馆未来发展趋势 [J].东方教育，2015（3）：432.

（本章作者：孙建平，南京师范大学2014级文物与博物馆学专业硕士研究生）

第四章 江苏国家级传统村落保护研究

第一节 江苏国家级传统村落概况

江苏地处中国大陆沿海中部和长江、淮河下游，以平原为主。江苏历史悠久，传统文化较为丰富。江苏地理位置、历史演变对传统村落的形成、分布等有着一定的影响。本章节中，通过对江苏国家级传统村落的基本情况，村落的地区分布状况简单介绍，进而分析传统村落的价值，并结合传统村落的评价体系，对江苏国家级传统村落进行类型划分。

一、传统村落基本情况

2012年12月19日，住房城乡建设部、文化部、财政部三部门发通知公示中国传统村落名录，到目前共公示四批4157个，而江苏共有28个，第一批3个，第二批13个，第三批10个，最新公示的第四批1602个国家级传统村落中，江苏2个（表4-1）[①]。

江苏的邻省浙江省国家级传统村落数量高达401个，第四批225个，江苏国家级传统村落在数量上较少，与地理环境有着重大的关系。浙江省整体地

---

① 中华人民共和国住房和城乡建设部等部门.住房城乡建设部等部门关于公布第四批列入中国传统村落名单的村落名单的通知：建村 [2016]278 号 [EB/OL].（2016－12－09）［2017－02－10］. http://www.mohurd.gov.cn/wjfb/201612/t20161222_230060.html.

势西南部高，东北部低，西南部多以丘陵为主，大小盆地错落分布于丘陵山地之间。而江苏位于中国大陆沿海中部和长江、淮河下游，境内绝大部分为平原。浙江西南部多山区，山区交通相对闭塞，对传统村落的破坏较小。

在这28个国家级传统村落中，它们历史悠久，部分村落可以追溯到秦汉甚至春秋战国时期。苏州东村古村始于秦末汉初，因商山四皓之一的东园公曾隐居于此而得名。而镇江九里村的季子庙，是为纪念春秋时期季子而建。大部分村落形成于明清时期，村落形成的原因有多种，包括自然定居、迁移、商业贸易等，村落内保存的历史建筑和文化遗产的年代以明、清时期为主。文物古迹数量众多，种类丰富，如古寺庙、古桥、古石刻、古宅院等，有些具有重要的历史地位。民间艺术风格独特，具有鲜明的地方特色，有些独具特色的艺术形式被列入非物质文化遗产名录。

表4-1　江苏国家级传统村落名单

区	地级市	数量	批次	传统村落
苏南	南京	2	二	南京市江宁区湖熟街道前杨柳村
			二	南京市高淳区漆桥镇漆桥村
	无锡	2	一	无锡市惠山区玉祁镇礼社村
			二	无锡市锡山区羊尖镇严家桥村
	常州	2	二	常州市武进区前黄镇杨桥村
			三	常州市武进区郑陆镇焦溪村
	苏州	14	一	苏州市吴中区东山镇陆巷古村
			一	苏州市吴中区金庭镇明月湾村
			二	苏州市吴中区东山镇三山村
			二	苏州市吴中区东山镇杨湾村
			二	苏州市吴中区东山镇翁巷村
			二	苏州市吴中区金庭镇东村
			二	苏州市常熟市古里镇李市村
			三	苏州市吴中区金庭镇衙甪里村
			三	苏州市吴中区金庭镇东蔡村
			三	苏州市吴中区金庭镇植里村
			三	苏州市吴中区香山街道舟山村
			三	苏州市昆山市千灯镇歇马桥村

续表

区	地级市	数量	批次	传统村落
苏南	苏州	14	四	苏州市吴中区金庭镇蒋东村后埠村
			四	苏州市吴中区金庭镇堂里村堂里
	镇江	4	二	镇江市新区姚桥镇华山村
			二	镇江市新区姚桥镇儒里村
			二	镇江市丹阳市延陵镇九里村
			二	镇江市丹阳市延陵镇柳茹村
苏北	南通	2	三	南通市通州区二甲镇余西社区余西居
			三	南通市通州区石港镇广济桥社区
	淮安	1	三	淮安市洪泽县老子山镇龟山村
	盐城	1	三	盐城市大丰市草堰镇草堰村

二、传统村落分布状况

在住房和城乡建设部、文化部、财政部联合公布的四批中国传统村落名录中，江苏共有28个入选。从村落的数量来看，除了苏州市外，其他各市传统村落较少。江苏八个地级市共28个传统村落入选中国传统村落名录，从江苏地域来看，区域不平衡状况也很突出，苏南共24个中国传统村落，数量多，所占比重大。江苏北部国家级传统村落仅4个。从市域上来看，其中苏州市最多为14个，其次是镇江4个，而徐州、宿迁、连云港、泰州无一入选（图4-1）。苏州市吴中区共有12个中国传统村落，而且绝大部分位于东山镇和金庭镇。东山镇，位于苏州城西南23.5公里处，它是延伸于太湖中的一个半岛，三面环水，自然环境优美，同时历史悠久，名胜古迹众多。优越的地理环境是东山传统村落较多的重要原因之一。

江苏国家级传统村落分布不平衡有很多原因。南京溧水石下

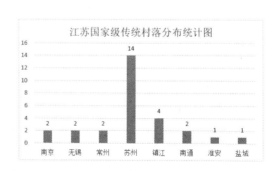

图 4-1 江苏国家级传统村落分布统计图

村位于枫香岭景区旁，村中老祠堂为三进三出，砖木结构，白墙黑瓦，柱子、房梁、石刻极为精美。江宁汤山七坊村，食品传统工艺丰富，代表着七坊的地方特色。这些村落有待相关部门进一步深入调查，制定合理的保护规划方案。南京东的佛教圣地宝华山，山下的千化古村，是以佛文化为线索，集茶文化、祈福等为一体综合旅游景点。但是由于过度开发旅游，对传统建筑产生一定的影响。徐州地处江苏省西北部、华北平原东南部，是重要的交通要塞，虽历史悠久，拥有大量文化遗产、名胜古迹，但是传统村落的保护意识不强，传统类型的村落破坏严重。

三、传统村落的价值

传统村落从形成到发展过程中，包罗了政治、经济、军事、历史、艺术、文化、社会等诸多学科的知识，具有重要的价值。传统村落在建立过程中有着一定的历史渊源，部分传统建筑为名人故居，村落民俗文化丰富多彩，其价值主要体现在历史价值、艺术价值、科学价值、社会价值和景观价值。[①]

（一）历史价值

传统村落的历史价值主要体现在两个方面：一是从村落整体来看，村落从形成到发展这一过程即为一段重要的历史；二是村落内的传统建筑，生产、生活工具等都反映一定的历史演变。大部分传统村落在形成之前，便有着悠久的历史。苏州吴中区三山村，位于太湖之中，由三山、泽山、厥山三岛组成。在1984年的考古发掘中，出土了大量旧石器，证实距今一万多年前。村落名称的由来也反映一定的历史文化，苏州昆山歇马桥村位于千灯镇石浦南郊，村名来源于宋代名将韩世忠曾带兵到此，歇马养憩。传统村落是我国优秀传统文化的发源地，很多重要的历史人物和历史事件都跟传统村落有紧密的联系。大多数传统村落为名人的故里，苏州吴中区陆巷古村为明代大学士王鏊的故里，明代宰相王鏊故居，是古代东山官宦宅第的代表，又是大型群体厅堂建筑的典型，具有较高的历史文化价值。

传统村落中民居、建筑、木雕、砖雕、宗祠等，尤其是乡土建筑，有着

---

① 夏周青.中国传统村落的价值及可持续发展探析[J].中共福建省委党校学报，2015（10）：62—67.

重要的历史文化价值。南京江宁区杨柳村的朱氏宅院，俗称"九十九间半"是江南地区典型的古民宅建筑，带有典型的南京地域特色，砖雕、木雕和石雕极为丰富。苏州吴中区东村，现存有明清建筑30余处，总面积25000平方米，古宅多沿用"天井院"式形制，房屋之间以天井作为分隔，古宅屋顶多为硬山式，并采用瓦顶、观音兜山脊或者马头墙等形成高低错落、庭院深邃的建筑群体风貌。

（二）艺术价值

传统村落的艺术价值，是指村落在长期存在的过程中，依附于传统村落历史文化实体，体现在村落空间布局、古建筑、装饰、民间风俗、传统技艺、外部自然空间等诸多方面，从而获取的某种价值。[①] 建筑艺术价值主要存在于建筑外部的形态和内部的装饰手法上，如南京杨柳村，村中保存着十三座精美的砖雕门楼，中枋大字均为砖雕楷书，四周饰以人物、花卉等精美图案，富有浓厚的明、清时期建筑风格。[②] 民俗文化具有鲜明的地方特色，是村落精神文化内涵的主要载体，民俗文化是传统村落艺术价值的直接表现。民俗文化包括风俗活动和民间技艺两大类，民间技艺包括陶艺、剪纸、扎染、编织、木雕、核雕、石刻和刺绣等。无锡严家桥村是锡剧的发源地，锡剧是由吴歌小调演变而来，它用戏剧的形式演绎着2500多年的吴韵风情。如今锡剧已走向舞台，以贴近生活、贴近观众的剧目展示多彩的艺术魅力。传统村落中大量的历史记忆、方言俚语、生产方式、民风民俗、传统手工艺、传统节庆等，共同构成了中国传统文化。苏州陆巷古村保存有明代古街，有"探花、会元、解元（图4-2）"三座明代木雕牌坊，木雕极为精美。无锡礼社村传统文化极为丰富，传承有序的礼社庙会是礼社村重要的民俗活动。龙舞、舞

图 4-2 陆巷村传统牌楼木雕

① 施静. 古村落保护与再利用研究——以苏州杨湾古村为例 [D]. 苏州：苏州大学，2015：16.

② 陈光庆，夏军. 江苏古村落 [M]. 南京：南京出版社，2016：4.

凤、马灯舞作为礼社村的传统舞蹈，同时还有玉祁双套酒酿造技术、礼社山歌、白狐厅传说、轧神仙传说等传统文化。

（三）科学价值

传统村落的科学价值重点体现在古建筑方面，古建筑在建造过程中，充分结合当地的气候环境，融合了古代建筑的构造方法，代表着当时的构造水平，具有重要的科学价值。通过对古建筑的细致研究，不同古建筑可能产生的年代不同，不同类型的古建筑又是不同时代的象征，但是能清楚地描绘当时的建筑发展轨迹，体现不同时期的发展水平。如杨湾村的怀荫堂古建筑，怀荫堂虽规模不大，但是房屋布局、结构十分合理，三间门屋为结构简单的皮条脊门楼，门楼上有小巧的照壁。楼屋面阔三间，进深七檩，楼下出檐较深，整体布局巧妙，反映了科学的营造方法。传统村落中的一些木构建筑，继承和发展了中国传统的木作营造方法，在经历几百年的风雨侵蚀、人为破坏，至今仍整体保存完整。建筑内部的传统样式家具，采用传统的榫卯结构，结实而又环保。在融合现代元素的基础上，逐渐成为现代家居生活装饰的一部分。同时科学价值表现在传统村落的选址和布局过程中，村落在选址过程中，紧密地结合村落周围的自然环境，因地制宜地利用地形和环境。江南水乡民居沿着河道水网布局，以线性为内在秩序，合理利用疏导水系，形成和谐统一的水乡村落。[①]

（四）社会价值

传统村落是由内部成员有机联系起来的生活共同体，有其共享的知识体系，宗教信仰、历史记忆和道德伦理观念。[②]传统村落中家族意识强烈，对于村落中重要的决策，由家族内部协商。绝大部分传统村落都有宗祠，宗祠的作用主要是用于稳定家族关系，促进家族和睦。镇江儒里村的儒里古祠，有着330多年的历史，为朱熹后裔所建，每年的祭祖活动都在宗祠内举行，至今发挥着重要作用。镇江柳如村的《贡氏宗谱》和《岳氏宗谱》分别详细地记录了柳如村贡氏和岳氏家族的社会关系。

---

① 周建明．中国传统村落——保护与发展 [M]．北京：中国建筑工业出版社，2014：57.

② 张勃．传统村落，为什保护，怎样保护？——关于当前保护传统村落正当性和方法的思考 [C]．北京史学论丛，2015：254 — 267.

传统村落社会价值的另一方面体现在，传统村落在建造过程中尊重自然，与村落周围环境相协调，这对目前"美丽乡村"建设具有重要的借鉴作用。东村坐落于苏州西山岛北部，南靠青山，北濒太湖，与横山、阴山、绍山诸岛相望。依地形顺山形而建，整体分布呈"卧龙"形。这就要求在新农村建设和美丽乡村建设过程中，要充分考虑村落的周围整体环境因素，不能以破坏周围的自然环境为代价进行新农村和美丽乡村建设。无论是城镇化建设，还是实现国家治理体系和治理能力现代化，我们都应当珍视中国传统村落所遗存下来的这些宝贵的治理智慧，并将之与社会主义现代化建设事业有机结合，积极服务于我们基层社会治理工作。[1]

（五）旅游价值

随着社会的发展，乡村旅游因其独特的自然风光、淳朴的民风民俗，成为当前人们旅游的一大组成部分。而传统村落因其历史悠久，传统文化丰富，是乡村旅游的重点和核心。传统建筑、传统家具、手工艺、民间舞蹈是重要的人文旅游资源。

传统村落保存着大量的传统建筑，不同村落的建筑具有不同的特点；同时村落在选址过程中多依赖周围的自然地理环境，传统文化的不同使得传统村落具有独特的景观价值。江南地区气候湿润，河湖交错，"小桥、流水、人家"是江南水乡的代表。最为典型的为苏州明月湾村，地处太湖西山岛南端，三面环山一面靠湖，终年掩映在苍翠中，处处展示出独特的江南水乡风貌。党的十八大提出"建设美丽中国"的口号，而传统村落是美丽中国的核心景区和景观"基因库"。[2]

随着城市生活压力的加大，乡村旅游成为现代旅游的重要内容，而发展乡村旅游就要保护好传统村落。部分传统村落以农家乐和乡村旅游来引领绿色农副产品的栽培和生产，实现第一产业和第三产业结合，走出一条绿色的、可持续的农村农业发展新道路。[3]部分传统村落通过建设生态采摘园来吸引游客。例如，苏州角里村将部分地方传统的瓜果农作物种植地改建为生态采摘园，

① 夏周青.中国传统村落的价值及可持续发展探析 [J].中共福建省委党校学报，2015（10）：62－67.

② 周建明.中国传统村落——保护与发展 [M].北京：中国建筑工业出版社，2014：15.

③ 尹超，姜劲松.江苏省古村落保护与实施状况分析 [J].小城镇建设，2010（7）：86－92.

在瓜果成熟季节，吸引了大量前来参观的游客。这样不仅增加了自身的收入，而且也带动当地旅游业的发展。陆巷古村作为太湖风景区规划的一部分，通过建立社区博物馆保护和发展村落，每逢周末或假期，前来参观的游客络绎不绝，同时将村中部分民居改造为农家客栈，打造特色古街，以此来吸引游客。

四、传统村落的类型

传统村落之间地域差异明显，村落发展的社会经济条件、历史基础和现有状况也各不相同。本章节结合传统村落的评价体系，主要从传统建筑、选址与格局、非物质文化遗产三方面角度考虑，将28个国家级传统村落分为建筑遗产型、环境景观型、民俗文化型和综合型。对传统村落类型划分有助于把握传统村落的整体特征，为分类保护研究提供基础。

（一）划分的标准

目前，传统村落并没有统一的类型划分方式。从传统民居所使用的建筑材料来看，可以分为木构民居、砖瓦民居、土筑民居、石作民居；根据生产生活方式的不同，可以把传统村落分为农业村落、游牧村落、商业集贸村落、军事防御堡寨等。[①] 在传统村落分类过程中，主要根据研究的自身需要，同时结合一定的分类方法，来划分传统村落类型。对传统村落进行分类的主要目的在于方便研究，区分重点，使研究的科学性更强。方磊按流域、功能、地貌分别对大湘西古村落类型进行划分，按功能分为交通枢纽型、军事要塞型、政治中心型、商贸集市型、府第名望型、民族村寨型。[②] 本文将参考传统村落指标体系，结合搜集和调查的资料，对江苏国家级传统村落进行类型的划分。

在中国传统村落评选过程中，传统建筑、选址与格局、非物质文化遗产这三大方面作为评选衡量的标准。依据《传统村落评价认定指标体系（试行）》，可以看出对传统村落三方面评价认定分为定量评估和定性评估（如表

---

① 王留青.苏州传统村落分类保护研究 [D].苏州：苏州科技学院，2014.

② 方磊，王文明.大湘西古村落分类与分区研究 [J].怀化学院学报，2013，32（1）：1 — 4.

4-2）。^①传统村落的定量评估体现在，村落中传统建筑总体数量、传统建筑所占面积以及传统建筑中文保单位的等级。而定性评估重点体现在传统建筑保存的完整程度。传统建筑从建造至今，有的保存完整，有的因自然以及人为因素损坏严重。传统村落在形成和建造过程中，会结合周围的自然环境，利用周边的地理优势。但是每个村落结合的程度不一、体现的科学程度也不同。在村落选址和格局评价中，注重选址的科学性、格局的完整性以及选址和格局所反映的科学文化价值。非物质文化遗产评价注重现存传统村落中非物质文化遗产稀缺性、活态性和依存性，其中稀缺性主要体现在非物质文化遗产的级别、数量，包括国家级、省级和市县级非遗项目；活态性，指现存村落中非物质文化遗产的传承情况，这是对非物质文化遗产评价的重要方面；依存性是指非物质文化遗产与村落整体的紧密联系程度。依存性高的非物质文化遗产需借助传统村落这个载体来展示和传承，这类非物质文化遗产因村落变化受到的影响最大。

表4-2　传统村落评价指标

评价方面		评价重点
传统建筑	稀缺度	村落范围内现存文物保护单位的级别与数量
	规模	现存建筑所占的用地面积
	完整性	现存传统建筑及其建筑细部乃至周边环境保存完整度
选址和格局	完整性	现存传统村落的街巷系统与传统建筑布局的完整度
	科学文化价值	村落选址、规划、营造反映的科学、文化、历史、考古价值
非物质文化遗产	稀缺度	现存传统村落中的非物质文化遗产的级别
	活态性	现存传统村落中非物质文化遗产的传承情况
	依存性	传统村落中非物质文化遗产相关的仪式、传承人、材料、工艺及其他实践活动与传统村落及周边环境的相关性

（二）传统村落类型划分

根据传统村落的传统建筑、选址与格局、非物质文化遗产三个方面以及

---

① 中华人民共和国住房和城乡建设部等部门。住房城乡建设部等部门关于印发《传统村落评价认定指标体系（试行）》的通知：建村 [2012]125号 [EB/OL]．（2012－08－22）［2017－02－25］.http://www.mohurd.gov.cn/wjfb/201208/t20120831_211267.html.

综合传统村落评价指标将江苏28个国家级传统村落分为建筑遗产型、环境景观型、民俗文化型和综合型四种类型（表4-3）。由于被评选为中国传统村落的村落传统建筑风貌较为完整，选址和格局也保持一定的传统特色，非物质文化遗产也做到活态传承，所以在分类过程中，传统村落在三个方面最典型、最突出的作为最重要衡量标准，综合型主要是有两方面或三方面都很突出或都不突出。

表 4-3　江苏国家级传统村落类型划分

类型	传统村落
建筑遗产型	陆巷古村、杨桥村、杨湾村、东村、东蔡村、植里村、蒋东村后埠村
环境景观型	明月湾村、三山村、李市村、九里村、柳茹村、舟山村、歇马桥村、华山村
民俗文化型	礼社村、漆桥村、严家桥村、焦溪村、余西社区余西、广济桥社区
综合型	杨柳村、翁巷村、儒里村、衡角里村、龟山村、草堰村、堂里村

1.建筑遗产类型

建筑遗产类型的传统村落主要体现在传统建筑数量多，所占村落面积比重大，例如杨湾村，古村杨湾坐落在东山半岛的西部，有三处全国文保单位，明代的怀荫堂、明善堂与元代的轩辕宫；一处省级文保单位久大堂；崇本堂、锦星堂、纯德堂3处市级文保单位，拥有控保建筑57处。明善堂建于明代，面积750平方米，临街而建，大厅面阔三间，前轩后廊，大厅前的雕花门楼和大院周围的清水砖雕雕刻得十分精美，是一座集建筑艺术，砖、石、木雕技艺为一体的艺术厅堂。轩辕宫（图4-3）建于元至元四年（1338年），大殿因殿内供奉轩辕黄帝像而得名，2006年公布为全国重点文物保护单位，整体为楠木构筑，面宽三间达13.74米，进深三间11.48米，殿作单檐歇山式。杨湾村的赵宅，整体院落格局呈三合院式。由于地形限制，平面呈

图 4-3　杨湾村轩辕宫

不规则形，但堂屋仍居中向南，保持传统的居住习惯。杨湾翁宅，全宅共有前后两进院落，前院临街房屋五间，中设门屋一间，门内小院两侧东西厢房各两小间；后院是一座楼房，为堂屋与卧室所在。其古民居精湛的砖木结构技术和建筑的空间意向，都充分体现了西山村民的特殊空间意识和审美观念。

2. 环境景观型

传统村落既有大量保存较好的乡土建筑，又有与自然和谐协调的村落选址，还有传统格局和历史风貌，绝大多数传统村落呈现出独具地域特色的景观美。环境景观型的传统村落一般表现为村落与周围的环境联系紧密，村落位于自然景区里或靠近自然景区。传统村落在建筑的过程中，会充分考虑村落周围的环境，进而对村落进行布局，环境景观型主要是传统村落在选址和布局上能突出反映和保持传统特色。三山村位于苏州市区西南50公里处的太湖之中，与石公山、明月湾、长圻咀等互为对景。林木覆盖率85%，绿化覆盖率达60%，树龄超过100年的古树（株）800多棵；是全国第一个以村级和岛屿形式创建的且唯一与社区共建并存的国家级湿地公园。华山村，位于今天镇江市东郊，是镇江市境内最古老的村庄之一，距商周时期断山墩湖熟文化遗址仅2公里。村落选址除了按照风水理论格局，同时也显示出科学性。

3. 民俗文化型

民俗文化型的传统村落表现在非物质文化遗产种类多，级别高即稀缺度高，同时有非物质文化遗产传承人，能够做到活态传承。活态传承是衡量非物质文化遗产保护和传承情况的重要因素。有部分非物质文化遗产项目与传统村落联系紧密，非遗项目展示或举行要依赖于该村落的相关要素，这类非物质文化遗产依存性大。焦溪村，有锡剧、常州小热昏两项国家级非物质文化遗产；省级非物质文化遗产有常州宣卷，市级非遗常州唱春，同时还有焦店扣肉制作技艺以及其他民俗表演等。锡剧（图4-4）前称滩簧，是江、浙一带说唱艺术的一大支流，发端于古老的吴歌，主要表现形式有山歌小调、弹词、宣卷、花鼓滩簧等。2008年6月7日，经国务院批准列入第二批国家级非物质文化遗产名录。礼社村的非物质文化遗产极为丰富，有玉祁双套酒酿造技术；玉祁龙舞、舞凤、马灯舞等；礼社庙会是礼社重要的民俗传统节日，同时还有礼社山歌和白狐厅传说、轧神仙传说等民间文学。

图 4-4　常州锡剧表演

4.综合型

综合型传统村落表现在古建筑，村落选址，民俗文化三方面，有两点或两点以上较为突出。如镇江的儒里村，镇江儒里村至今约七百余年的历史，有省级文保单位朱氏宗祠，保存了古柱、古井及朱子传统文化；还有张氏宗祠、王氏四座古宅以及怀德堂等古建筑。在非物质文化遗产上，有省级非物质文化遗产两项，东乡羊肉制作技艺和儒里朱氏祭祀民俗活动。朱氏祭祀活动形式古朴典雅，具有浓郁的乡土民风。儒里朱氏宗祠是朱氏祭祀活动的场所，古建筑和民俗文化两者相互融合，是传统村落综合价值的体现。苏州堂里村地处缥缈峰的南坡，背依太湖，是一座自然景观极为优美的村落。村落在建造过程中，充分利用周边的地形、自然环境，形成独具特色的村落格局。堂里村保存有大量古建筑，现存有仁本堂、容德堂、沁远堂、崇德堂、礼本堂、乐耕堂、遂知堂、凝德堂等明清宅第二十余幢，其中仁本堂原为徐家老宅，位于堂里村河西巷，建筑总面积约4000平方米，为省级文保单位。因其上面有大量的砖雕、木雕，且雕刻精美，技法高超，被誉为西山雕花楼。堂里村同时是国家级非物质文化遗产"洞庭碧螺制茶工艺"的重点保护和传承地，是传承中华文化的有效载体。

第二节　江苏国家级传统村落保护现状

传统村落是华夏文明宝贵的历史文化遗产，见证了农耕文明的发展历程。

江苏国家级传统村落作为江苏传统村落的代表，是江苏地方传统文化的发源地和传承地。传统村落保护包括的内容是多方面的，本章节主要从传统建筑、非物质文化遗产、保护规划编制、资金来源、人居环境、村落旅游六个方面分析传统村落的保护情况。

一、传统建筑

传统建筑保护对象主要包括文物保护单位、建议历史建筑、优秀传统风貌建筑。据不完全统计，江苏省28个国家级传统村落中全国文保单位4个、省级文保单位14个（表4-4）。各级文保单位都设立了保护标志，整体保护效果良好，例如无锡礼社村孙冶方故居（图4-5）和薛暮桥故居（图4-6）。但是建议历史建筑和传统风貌建筑保护情况不容乐观。绝大部分村落在申请国家级传统村落过程中，对建议历史建筑已经做了控制保护，挂上保护牌，但是针对历史建筑的修缮、维护工作实施较少。部分历史建筑管理不当，多年失修，无锡礼社村的薛氏义庄（图4-7），建于乾隆五十年（1785年），由薛景达创办，

4-5　无锡礼社村孙冶方故居

图 4-6　无锡礼社村薛暮桥故居

图 4-7　礼社村古建筑薛氏义庄

对贫苦子孙、村民的婚丧大事，均有资助。据《无锡金匮县志》记载，薛氏义庄在当时无论规模和管理上都是无锡地区较为有名的。但是如今的薛氏义庄改为礼社健身馆，通过采访周边村民发现，健身馆并未起到多大作用，义庄的门前随意停放着废旧的汽车。一些具有传统风貌的古民居，因多年无人居住，破损较为严重，修缮的可能性不大，但是又不能直接拆除，导致破败的古民居一直处于无人管理的尴尬状态。

表4-4　国家级、省级文物保护单位统计表

传统村落	国家级文保单位	省级文保单位
礼社村		孙冶方故居（敦厚堂） 薛暮桥故居（慎修堂）
杨柳村	"九十九间半"	
三山村		"三山岛遗址"及"哺乳动物化石地点"
杨湾村	怀荫堂、明善堂、轩辕宫	久大堂
翁巷村		瑞霭堂、凝德堂
东村		敬修堂、栖贤巷门
儒里村		朱氏宗祠
九里村		十字碑
东蔡村		春熙堂、爱日堂、余庆堂
堂里村		仁本堂

二、非物质文化遗产

据不完全统计，江苏28个国家级传统村落中共有国家级非物质文化遗产项目6个，省级非物质文化遗产9个（表4-5）。关于非物质文化遗产保护，国家级和省级的保护较好，传承有序，很多制造技艺仍在使用中，如苏州地区洞庭碧螺春茶制造工艺，碧螺春作为我国名茶之一，碧螺春茶制作包括：采摘、挑拣、杀青、捻揉、搓团、干燥等6道工序。每到制茶季，全体村民参与制茶，使得制茶工艺得到有序的传承，较好的保护了这项重要的国家级非物质文化遗产。南通余西居是蓝印花布的发源地，村落中部分村民能够掌握这一印染技艺。在调查中发现，对于未被评选录入国家级、省级或市级非物质

文化遗产名单但仍有一定文化价值的传统舞蹈、民俗等，保护和传承情况不容乐观。由于传统村落中年轻人都在城市打工，导致很多传统技艺无法传承。部分传统的手工艺作坊在城镇化过程中被拆除，这对传统手工艺的保护带来了极大影响。

表4-5　非物质文化遗产统计表

村落名称	国家级非遗项目	省级非遗项目	其他
礼社村		玉祁双套酒酿造技艺 玉祁龙舞	舞凤、马灯舞、礼社庙会、刺绣、白狐厅传说等
漆桥村			漆桥庙会
严家桥村	锡剧		
杨桥村		杨桥庙会	调犟牛、调三十六行、捻纸、捐轮车
三山村	洞庭碧螺春制作工艺		
杨湾村	洞庭碧螺春制作工艺		
李市村	白茆山歌		李市宣卷、打铁
华山村		《华山畿》和华山畿传说	华山庙会、华山太平泥泥叫、老虎鞋
儒里村		儒里朱氏祭祀	
柳茹村			正月二十庙会
焦溪村	锡剧、常州小热昏	常州宣卷	常州唱春、焦店扣肉制作技术
衙角里村	洞庭碧螺春制作工艺		
植里村	洞庭碧螺春制作工艺		
舟山村	舟山核雕		
歇马桥村		千灯跳板茶	
余西居	蓝印花布印染技术		
广济桥社区			社区盆景
龟山村		洪泽湖渔鼓舞	
草堰村			刘鸿宾——木刻
堂里村	洞庭碧螺春制作工艺		

三、保护规划编制

传统村落保护与发展规划是村落保护工作开展的基础，保护工作的开展要做到规划先行，这样才不至于在保护过程中失去保护重心和方向。同时传统村落的保护发展规划要依据相关的法律、法规，并且结合当地的实地情况。虽然保护的内容整体上具有相似性，但是各个村落现状不一，保护的重点和范围划分不同。在江苏省28个国家级传统村落中，绝大多数传统村落已经编制了保护规划。部分传统村落为历史文化名村，村落的保护与发展工作则依据历史文化名村规划施行。苏州将古城、古镇和古村结合编制系统性保护发展规划，对相关规划、项目资金投入及实施情况进行梳理和总结评估；总结保护利用发展中存在的深层次问题。2017年1月4日，中国传统村落苏州市吴中区香山街道舟山村保护发展规划在苏州规划局官网上公示。未来，舟山规划整体形成"一山多水、三村一环两片、多点多项"的保护结构（图4-8）。规划包括规划范围与期限、村落历史文化价值综述、保护结构、遗存保护、空间保护和建设控制六大部分。

图4-8　舟山村保护规划整体结构图

四、资金来源

传统村落在保护与发展过程中，资金作为传统村落保护工作开展的必要条件。传统村落的资金来源是多方面的，但主要以政府拨款和旅游收入为主。

由于每个村落旅游开发的程度不同，旅游收入所占村落保护资金的比重也不同。江苏国家级传统村落中，大部分的资金来源于政府拨款，政府拨款包括中央财政支持和地方政府支持。中央财政也逐渐加强对传统村落资金的支持力度，中央财政给予每个村每年150万元资金支持，用于传统村落保护与发展工作的开展。江苏省列入中央财政支持范围的传统村落共14个，2014年江苏有4个传统村落被列入中央财政支持范围，2016年增加到14个。

由于传统村落保护尤其是对传统建筑的修缮和维护，所花费的资金较多，政府提供的资金毕竟有限，其中，旅游可以成为传统村落保护实践中的手段之一。[①]江苏大部分传统村落都发展村落旅游，但是开展的情况各不相同。旅游收入主要包括餐饮房租收入、景点门票收入以及承办文化活动获得的资金支持。通过调查得知，门票收入方面，江苏省传统村落中，仅有4家收取门票。苏州市吴中区东山镇陆巷村、三山村已经将传统村落的核心区划归为旅游景区，开始收取门票。杨湾村的轩辕宫作为吴中太湖旅游重要景点之一也收取门票。南京市江宁区湖熟街道杨柳村也修缮了一栋朱氏老宅，俗称"九十九间半"，并将其布置成一座博物馆收取门票。[②]村落旅游开发要建立在保护传统村落的基础上，通过实地调查，发掘地方特色旅游资源。南京杨柳村（图4-9）充分利用自身优势，建设柑橘观光园、阿金河山庄、阿金河水上游乐等旅游景点，承接大型文化活动等获取部分收入。

图 4-9　杨柳村

① 潘刚，马知遥.2013年中国传统村落研究评述 [J]. 长春市委党校学报，2014（6）：9 - 13.
② 唐盈，王思明.江苏省传统村落调研报告 [J]. 中国民族博览，2016（3）：9 - 11.

五、人居环境

人居环境也是传统村落保护的要点，应把居民的生活质量纳入思考范畴，既要保持他们原有生活氛围，又要使他们的生活水平得到改善。[①]人居环境情况主要包括多个方面，比如村内道路、卫生条件、公共设施建设等等。已经开发旅游的传统村落在基础设施上建设较好，但是游客的增加也带来了环境的污染。例如苏州陆巷村，陆巷村将整个村落打造成社区博物馆，同时开发农家乐、民宿等来吸引游客。尤其在节假日，大量的游客给村落的卫生环境带来了影响。江苏省28个国家级传统村落中，草堰村、杨桥村、杨柳村等10多个村落人居环境较好。以盐城草堰村为例，两年前居住在传统建筑的居民多达3000人，为了改善居民的生活居住水平，草堰村积极地加大基础设施建设，自来水入户率达100%，村内垃圾收集清运，排水设施流畅，并设有公交站点2处，消防设施齐全。

图4-10　陆巷村景区入口

六、村落旅游

传统村落的旅游状况受周围自然环境的影响较大，苏州吴中区的绝大部分传统村落因靠近太湖风景区，交通便利，吸引了很多游客。其中以东山镇陆巷村为代表（图4-10、图4-11），陆巷村因靠近太湖风景区，旅游开发较早，目前整个村落开发为景区，建立了社区博物

图4-11　陆巷村整体风貌

---

① 潘明率，郭佳．京西古道传统村落保护研究初探——以门头沟区三家店村为例[J]．华中建筑，2016（5）：137 − 141.

馆，包括古街游览、古建筑参观，农家乐餐饮等。

每逢周末或假期，前来参观的游客络绎不绝。陆巷村基础设施很是完善，有专门的停车场、干净卫生的住宿环境。苏州明月湾村旅游状况也较好，有太湖桥吹风、覆水砖寻古、农家乐生态旅游等旅游项目。九里风景区整体以田园水乡为基调，以古吴文化为主线，是一个集旅游观光、休闲、古吴文化体验为一体的风景旅游区。南京漆桥村作为"世界第二大孔子后裔聚集地"，通过修建古街，新建孔子学院来发展村落旅游。南京杨柳村环境优美，基础设施齐全，为了发展旅游，经常举办大型活动，但是前来参观和参与的人较少。导致这一现状有多重原因，其中之一是宣传力度不到位，很多人并不知道南京郊区有这么美丽的村落，甚至从没听说过杨柳村。

第三节　江苏国家级传统村落保护存在的问题

传统村落的保护工作是一项复杂、长期的工程。随着城市化进程的加快，传统村落受到一定程度的冲击，外部文化对传统村落的影响越来越大，传统村落的居民普遍愿意追求现代化的生活，这个使得保护工作的开展更加困难。有关部门一直致力于传统村落的保护工作，但是仍存在一些问题。

一、传统村落消失加快

传统村落消失加快表现在多个方面，其中导致传统村落大量消失的直接原因在于20个世纪80年代大规模的并村运动。并村运动的后果使得行政村和自然村的数量急剧缩减。本身传统文化丰富的村落在并村后，只能按照合并后的整体村庄规划实施，原有的村落格局和整体风貌受到了破坏。新农村建设误区及其对传统村落实行收缩管理，使不少传统村落逐渐消失或衰败。[①]江苏传统村落的传统建筑多为土木建筑，土木建筑容易受到自然力的破坏。江南地区，雨水较多，对木构建筑的损坏较为严重。另外由于传统建筑的保护

---

① 罗文聪.我国传统村落保护的现状问题与对策思考[J].城市建设理论研究，2013（20）.

意识不强，尤其是传统类民居建筑缺乏修缮维护，基础设施差，相比高额的修缮费用，村民往往选择拆旧建新，导致村落的整体面貌受到了影响。

二、部分村落面临空心化

传统村落的"空心化"是指村落原有的居民离开村落，村落内只有老人、儿童或者外来人口的趋势。村镇与城市的二元经济结构使得大多数村镇劳动力选择放弃农村生活，选择进城务工。[1]统计数据表明，截至2011年年末，中国大陆城镇人口首次超过农村，江苏省城乡人口比重变化更为显著，1949—2013年，江苏乡村人口比重由85.17%降至35.89%。[2]位于常熟市的李市村，历史悠久，是以水运为依托发展起来的江南小镇。李市古街保存有300多处明清老宅，有程家古宅、沈家古宅等。但是随着社会的发展，大部分年轻人离开村庄到外打工，所以村中多为老人和儿童。村落内仅有几家剃头店、杂货店开门营业。李市村的非物质文化遗产极其丰富，有国家级非物质文化遗产白茆山歌，市级非物质文化遗产民间故事和宣卷、李市打铁和道教音乐，还有红木雕刻、社戏、庙会、青团子、花色糕、水豆腐等。但是随着村落空心化加剧，一些传统技艺（例如红木雕刻，花色糕制作工艺）正面临失传的处境。调查中发现杨湾村也存在这样的现象，部分年轻人都去城市工作、定居，

原来的老房子处于闲置状态（图4-12）。房子因无人居住加之缺乏修缮，墙体出现了不同程度的开裂。在调查中发现，类似无人居住的民居很多，绝大部分传统村落都存在这样的问题。

图 4-12 杨湾村无人居住的传统民居

---

① 张于，杨宇杰.传统村落保护与发展研究 [J]. 才智，2016（29）：224.

② 刘馨秋，王思明.中国传统村落保护的困境与出路 [J]. 中国农史，2015（4）：99 — 110.

三、传统民居修缮困难

近年来，村落的保护越来越受到关注，"历史文化名村""中国传统村落""美丽乡村"等建设项目相继启动的良好形势下，传统村落的损毁情况依然严重。[①] 传统民居作为传统村落的重要组成部分，是传统村落整体风貌的直接反映。传统村落的居民普遍愿意追求现代化的生活，加之传统民居修缮费用较高，他们往往选择翻旧建新。同时针对传统民居的修缮管理，一直处于真空地带。修缮资金和修缮专业人才的缺乏也是导致传统民居修缮困难的因素。

无锡礼社村也面临同样的问题，村落中有多处年久失修的传统民居建筑（图4-13），因无人居住，墙体破损严重，用木头在其周围支撑，防止坍塌，存在极大的危险隐患。通过采访周围居民，得知户主很多年前就搬入市区，房子一直空着。像这类年久失修的传统民居可修复性差，修缮的费用较高。所以针对传统民居的修缮，要在深入科学研究的基础上，有重点有选择地开展修缮工作。有些古民居内部用电设施老化，存在一定的安全问题。传统民居缺乏修缮是江苏乃至全国传统村落面临的最迫切的问题。一方面由于法律、法规制度不健全，另一方面由于对传统建筑的保护意识不强，大部分村民认为传统建筑的保护是政府的事情，与自己无关，所以在修缮问题上很难达成共识，而修缮费用高，修缮资金不足是导致修缮困难的重要原因之一。

图 4-13 礼社村年久失修的传统民居

[①] 刘馨秋，王思明 . 中国传统村落保护的困境与出路 [J]. 中国农史，2015（4）：99 — 110.

四、村落环境污染

　　江苏部分传统村落存在环境污染问题，已经开发的传统村落环境污染主要来源于旅游垃圾，未开发或开发程度较小的传统村落的环境污染来源于村民生活垃圾。环境污染，破坏了传统村落的整体面貌，给传统村落的保护带来了不利影响。无锡惠山区玉祁镇礼社村作为第一批中国传统村落，同时也是中国历史文化名村。但是在调研过程中，发现贯穿于古村的河流上面漂浮着油渍、生活垃圾。沟河潭（太平潭），位于古村东头，乾隆年间薛氏将薛家巷兴建礼社街时就已有此潭，潭中的水主要是防患于未然或用于解火患。听村中老人讲述，自有此潭，东街就未从有过火灾发生，故又称太平潭。共有九个池潭，一直以来，此潭潭水最活最清。但是在调研过程中，发现在沟河潭的四周护栏上挂着多只拖把，台阶周围是各种生活丢弃的垃圾（图4-14）。村落的环境污染是由多种原因导致的，一方面是传统民居的基础设施不全，生活污水的排放、处理不完善；另一方面村民的传统村落保护意识不强，认为传统村落的保护工作是政府的事情，与自己无关。江苏省委2016年1号文件中提出，"十三五"期间将实施村庄环境改善提升行动。整治的重点在于村庄生活污水治理、美丽乡村建设和传统村落保护。政府对村庄环境保护工作的开展有助于改善村落卫生环境。同时传统村落环境保护需要村民的积极参与，提高环境保护意识。

图 4-14　礼社村太平潭现状

五、人才缺乏，管理不当

　　传统村落与一般普通乡村存在很大的不同，因此需要专门的管理部门和专业人才。江苏国家级传统村落中，村落的管理机构有两种。一是由村委会负责，在村落保护和发展问题上，主要由村委会负责村落的保护工作，包括古建修缮，日常维护，村落内部及周围的环境管理。村委会负责有利于保护工作的顺利开展，避免与村落其他建设的矛盾。二是设置专门的管理机构，不同的机构有着不同的具体职能分工，好处在于能够将管理工作落实到具体机构，但是往往存在机构之间互相推诿。[①] 传统村落建筑和其附属的文化遗产，其概念处于文物与非文物之间，属于法律保护的真空区。[②] 目前，相关法律不健全是管理不当的重要原因。调查中发现，在申请国家级传统村落过程中，都设置专门的管理部门，各部门有稳定的办公地点，但是由于多种原因，专门的管理部门改做他用。大部分工作人员为村委选调，专业性不强，同时身兼数职。通过采访发现，他们的日常工作仅仅是负责重要文保单位的安全问题，并不涉及村落的其他方面的保护管理工作。

相比南京江宁区杨柳村，村落的管理办公室位于全国文保单位"朱家大院"内并有专门的工作人员，除了负责"朱家大院"的保护工作外，对杨柳村的整体保护也发挥重要作用。

第四节　江苏国家级传统村落保护对策

传统村落是物质文化遗产和非物质文化遗产的综合体。这一特征决定着传统村落在保护过程中要注意针对不同的文化遗产采取不同的保护方法。同时，每个传统村落都有自己的特点，各个村落保护工作的开展先后不一，保护情况差异较大。本章节首先明确传统村落保护的主要内容和保护原则，其次结合江苏国家级传统村落的保护情况，探索传统村落保护模式，同时针对保护存在的具体问题，提出具体的保护措施。

---

① 　尹超，姜劲松 . 江苏省古村落保护与实施状况分析 [J]. 小城镇建设，2010（7）：86 — 92.

② 　胡彬彬 . 立法保护传统村落文化迫在眉睫 [J]. 当代贵州，2013（22）：30.

一、保护的内容和原则

（一）保护的内容

传统村落在保护和发展程度上存在不同，各个村落具有各自的特点，但是在保护的整体方向上具有一致性。对于传统村落的保护，我们首先要明确保护的对象即保护内容。传统村落明确地提出了村落保护的对象是村落物质文化遗存、自然文化遗产和非物质文化遗产三方面的内容，全面概括了传统村落蕴含的人文、地理、民俗的综合价值。[①]结合传统村落的定义以及江苏国家级传统村落的总体特征，江苏传统村落的保护内容包括自然景观、村落选址与格局、传统建筑、非物质文化遗产。

1.自然景观

自然景观是传统村落得以存在和发展的基础，村落在选址和建造过程中大多依赖于周围的自然环境。自然景观包括村落周围的植被、山体、水系等。对自然景观造成不利影响的因素应及时采取整治措施。江苏地区传统村落中尤其是江南传统村落多靠近河湖，苏州吴中区的传统村落绝大部分靠近太湖，若村落周围的河湖水系遭到破坏，传统村落的自然环境将受到很大的影响。伴随着城市用地的紧张，城市的范围在逐渐扩大，部分距离城市开发用地较近的传统村落，周边的自然景观保护更为重要。这就要求相关管理单位要充分做好保护规划和预防措施。

2.村落选址和格局

传统村落选址和格局的保护主要分为两点，一是传统村落中现存的历史环境要素，包括古河道、古树、码头、公共建筑、城门等；二是村落的街巷格局、村落机理和整体风貌。镇江华山村为丘陵地貌，村落依山傍水，庙宇成片，整个村落以龙脊街为中心向四面展开。古街中的张王庙与杨家祠堂形成独特的丁字型街，民居建筑以丁字街巷为依托。在传统村落的格局保护中应该注重对历史街巷进行保护，包括历史街巷的走向、风貌特征和空间尺度等。江苏大部分传统村落都保存有历史街巷，历史街巷是村落的传统建筑和

[①] 王小明.传统村落价值认识与整体性保护的实践和思考[J].西南民族大学学报，2013（2）：156 — 160.

传统文化的直接体现。

3. 传统建筑

传统村落建筑群落是民众创造的物质文化场所和生活场所，其内部存在着相互关联的各种民俗文化事项。[①] 传统建筑包括文物保护单位、建议历史建筑和优秀传统风貌建筑。对于文物保护单位，应按照《文物保护法》进行保护。目前江苏国家级传统村落中，公布为文物保护单位的建筑大部分保护较好，但文物保护中少部分仍有村民居住的传统民居面临一定的问题。对于建议历史建筑，例如民居、祠堂、近现代建筑等按照《历史文化名城名镇名村保护条例》进行保护。在对传统建筑制定保护措施过程中要充分分析建筑类型、整体布局、构造特征、材料与工艺的使用以及装饰细节等，它们都是需要重点考虑的对象。对于传统风貌建筑要结合当地的实际情况，对典型的传统风貌建筑做重点保护。苏州地区多为江南民居，为了适应南方湿热天气避雨防晒及乘凉的需要，将北方正厢房联成一体，将宽大的庭院缩小为天井，是南方最普遍的民居类型。

4. 非物质文化遗产

在以往的保护过程中，只是注重对物质文化遗产的保护，忽略了传统村落中非物质文化遗产要素的保护。非物质文化遗产的范围很广，包括节日活动、生活礼仪、民间传说、传统手工艺等。[②] 每个村落从形成发展到今天，有着丰富民风民俗和传统技艺，而这些民风民俗主要是通过村民一代代传承下来，传统技艺在生产和生活过程中得到一定程度的体现。民风民俗以及传统技艺需要传承人，通过对传承人的保护与培养，使得非物质文化得以展示和有序传承下去。对优秀的传承人应给予政策，资金上的支持。同时要对传统村落中非物质文化遗产特征进行具体全面分析，加强调查力度，对非物质文化遗产进行分级保护。针对濒危的非物质文化遗产项目，应采取文字、图片、音像、多媒体等方式抢救性记录和保存。要选择部分自身发展良好且具有一

---

① 王小明.传统村落价值认定与整体性保护的实践和思考 [J].西南民族大学学报，2013 (·2)：156 — 160.

② 王浩.常州胜西古村落保护研究 [J].黄冈职业技术学院学报，2013，15（5）：110 — 112.

定市场需求的非遗传统村落，建立"非物质文化遗产整体保护实验区"①。江苏传统村落中非物质文化遗产极为丰富，而在现有的村落文化遗产保护政策中，对非物质文化遗产保护的重视不够。部分传统村落设立了非物质文化遗产展览馆，如南京杨柳村在朱氏宅院中设立了民俗馆，同时向观众展示了金箔、红木等制作工艺。非物质文化遗产的保护与物质遗产保护存在很大的不同，比如一项宗族活动的举行，需要选择特定的时间，同时更需要一定的活动空间。通常在非物质文化遗产保护的过程中，往往忽视了空间的保护，由于保护意识的缺乏，传统技艺失去了展示和传承的场所。

（二）传统村落保护原则

传统村落的保护要坚持整体性、原真性和活态传承的保护原则。在保护过程中，以人为本，整体保护，增强传统村落保护的动力和发展活力。

1. 整体性原则

传统村落作为一个有机的整体，包括村落周围的自然环境、村落选址和布局、传统建筑以及非物质文化遗产等。自然环境是村落形成的基础，相当于传统村落的外部条件，若失去自然环境这一外部条件，传统村落整体风貌将受到破坏。村落选址和布局是村落地理特色和地方景观的反映。传统建筑和非物质文化遗产是村落内部构成的必要因素，它们之间相互融合。在保护过程中不能仅注重一方面的保护，要从全局出发，做到整体保护。

因此，对传统村落的保护不能仅仅注重物质层面的修复和保护，更应该注重对文化和社会生活环境的维护。应该为传统村落创造良好的生存大环境，让传统村落的周边环境也体现出与传统村落历史文化相协调的整体风貌，形成系统地展示传统村落历史文化风貌的整体历史文化环境。②江苏部分传统村落古建筑缺乏修缮，部分传统民居建筑损毁严重，在保护过程中，除了加大对古建筑修缮的力度外，更应该从村落整体出发，保护村落的人居环境以及自然环境。

2. 原真性原则

原真性原则是指在传统村落保护过程中注重物质文化遗产的真实性，其

---

① 苏州市政协文史委. 加强对非物质文化遗产传统村落的保护 [J]. 江苏政协，2014（9）：47 — 48.

② 周建明. 中国传统村落——保护与发展 [M]. 北京：中国建筑工业出版社，2014：36.

中原真性最突出的表现在传统建筑的修缮和维护问题上，对文物保护单位的修复要坚持"修旧如旧"的原则，不改变文物保护单位的原来面貌。同时在修缮过程中，应由专业人员修缮，要注意原材料的使用。很多村落在对传统建筑修缮时，为了节省资金，随意拆除换新，用现代工程材料来修缮传统建筑，改变了传统建筑的原来面貌。对于村落周围的自然环境和村落格局尽量做到真实性保护，原真性并不能代表一成不变，是有针对的对象。如对于建议保护的传统民居，为了改善居民的生活水平，需要对传统民居的内部设施进行改造。村民的生产生活随着物质水平、科技水平的提高，发生了较大的变化，而对村民生产生活的保护，注重其生产生活演变发展规律。所以说原真性的保护针对不同的保护对象有着不同的内涵。

3. 活态传承原则

传统村落活态传承的原则主要表现在非物质文化遗产上。首先，活态传承的思想体现了对人的重视，在过去的遗产保护中，往往重视对文物、历史建筑的保护，而忽视了在人们的生活中代代相传的文化遗产。活态传承的原则是要求对非物质文化遗产项目代表性传承人以及掌握传统村落建设技艺的传统工匠，应该给予足够的重视与扶持。[①] 非物质文化遗产主要有两种表现形式：一种是像传统习俗，民间舞蹈、音乐的文化表现形式；另一种是民间和传统文化活动的文化空间。[②] 对非物质文化遗产进行合理的生产性保护是活态传承的具体表现，主要针对传统手工艺。生产性保护一方面有利宣传非物质文化遗产，同时能吸引更多的手工艺人参与其中，获得相应的收入。比如苏州舟山核雕，核雕艺人日益活跃，不仅有以宋水官为突出代表的国家级非物质文化遗产传承人等老一辈艺人在创作，而且又涌现出一批批新一代核雕能手，舟山村家家有人从事核雕，舟山作为核雕的发源地已形成独特的地方性文化产业。

---

① 周建明. 中国传统村落——保护与发展 [M]. 北京：中国建筑工业出版社，2014：37.

② 张伟. 传统村落保护与美丽乡村建设刍议——基于非物质文化遗产保护视角 [J]. 江南论坛，2014（1）：48 — 49.

二、保护模式

（一）分级分类保护

1. 分级保护

江苏共有28个国家级传统村落，由于村落被列入"中国传统村落名录"的时间不同，保护工作实施不同。相比较来说，无锡礼社村、苏州陆巷村、明月湾村保护工作开展得较早，而第四批入选"中国传统村落名录"的村落虽然在古建筑修缮、村落布局完整性、非物质文化保护方面已有了一定的保护措施，但相比较省级传统村落，并未有完整的保护规划，在古建筑保护、非物质文化遗产保护等多方面存在的问题较多，而市级传统村落处于保护的初始阶段。这就要求我们在保护过程中，注重分级保护。针对不同级别的传统村落，采取相应的整体保护措施，例如针对江苏地区国家级传统村落的保护，在保护工作过程中要注意保护规划的实施现状以及保护项目的落实情况等。而省级和市级传统村落绝大部分没有制定保护规划，这就要求在省级和市级要加快传统保护规划的出台，确定保护范围和具体的保护方向。

2. 分类保护

分类保护是根据村落的性质、特点进行分类，突出村落的特点，确定重点保护对象和内容。对不同类型的传统村落在坚持整体性保护原则的基础上采取不同的保护策略，以此来突出保护的重点。根据不同分类标准，可以将传统村落分为不同的类型。江苏28个国家级传统村落中，旅游发展较好的有陆巷村、明月湾村、三山村、杨柳村，这些村落在保护过程中要注意旅游发展是否会给村落带来保护压力，旅游发展要适度。以上的分级分类是从江苏传统村落的整体角度出发，同时分级保护也适用于村落内部，如对村落的古建筑进行分级：具有很高历史文化价值的建筑；有一定历史文化价值、保存较好、尚未列为文保单位的传统优秀建筑；具有地域传统要素特征、与历史风貌无冲突的新建建筑。[①]

（二）合理的博物馆式保护

一直以来传统村落博物馆式的保护受到各界的争议。原因有两点：一是

---

① 王留青. 苏州传统村落分类保护研究 [D]. 苏州：苏州科技学院 .2014.

在传统村落保护研究开始阶段，认为博物馆式的保护是将村民集体搬出，以此来避免传统建筑受到人为的破坏。个别村庄将村民集体迁出安置，原来的传统村落只剩下一个空壳；二是完全照搬博物馆的展览方式，用文字、音像、视频等记录非物质文化遗产项目的保护方式，忽视了对传承人的保护。

而这两种做法产生的根本原因不是来源于博物馆式保护的这种方式，而是没能正确地理解传统村落构成要素、基础条件。

传统村落的构成不仅要有保存相对完整的格局、传统建筑和非物质文化遗产，更需要有当地村民的参与，在村落中世世代代生活的村民是传统村落存在和发展的必要因素。将村民集体迁出，从一定意来说，村落就不存在了。随着对传统村落深入研究，认识到传承人也是非物质文化遗产保护的重点。由于相关理论缺乏和经验不足，完全照搬博物馆的展览方式，用文字、音像、视频等记录非物质文化遗产项目的保护方式，而忽视了非物质文化传承人的重要性，这是将保护的对象和保护方法混淆，未能理清两者之间的关系。非遗传承人、老手艺人、传承了传统建造技术和手工艺的工匠是非物质文化遗产保护的内容之一。

1. 博物馆式保护的可行性

博物馆的四大基本要素：一是具有藏品也就是实物；二是有基本陈列；三是向社会公众开放；四是有经营管理藏品，开展社会教育的专业人才。[①] 而传统村落周围的环境以及格局可以看作是场所；村落中的古民居、宗祠、非物质文化遗产等可以看作是一定数量的藏品。传统村落的村民相当于博物馆馆内的工作人员。博物馆具有实物性、直观性、广博性三种特征，实物性表现在博物馆必须具备一定数量和质量的藏品，即实物。收集保存文物标本是博物馆的首要任务，通过对"物"的研究进而利用博物馆藏品，为社会教育和有关学科研究服务。博物馆的直观性表现在以大量实物组织陈列展览，以实物例证向观众的各种感官多渠道地输送信息。广博性表现在博物馆门类众多，收藏品涉及广泛。目前博物馆在建设发展过程中，越来越注重人的作用，慢慢地从以物为主发展演变到以人为主。正确的博物馆式保护是将传统村落

---

① 王宏钧. 中国博物馆学基础 [M]. 上海：上海古籍出版社，2001：42.

作为一个整体，既要保护传统村落的外部自然环境和整体格局，也要保护村落古民居、宗祠和非物质文化遗产等内部要素，更要保护村民的生产生活活动。只有有了居民的活动，只有代代延续下来的乡土文化与人际交往模式得到继续和传承，传统村落才能够保持自身的活力，并且得到不断的发展。抛开村落的基本构成要素——村民而谈传统村落保护是不可取的。

对非物质文化保护要坚持活态传承的原则，对部分传承人和手工艺人，应给予足够的重视和支持。[①] 博物馆在门票、工作人员、开展教育活动等方面与传统村落基本一致。2015年博物馆条例第三十三条规定"国家鼓励博物馆向公众免费开放。县级以上人民政府应当对向公众免费开放的博物馆给予必要的经费支持。"第三十四条规定："国家鼓励博物馆挖掘藏品内涵，与文化创意、旅游等产业相结合，开发衍生产品，增强博物馆发展能力。"[②] 虽然博物馆与传统村落存在一定的不同，但是在一些关键问题上存在着共性，相比传统村落来说，博物馆在管理制度、专业人才配置等方面相对成熟，而目前传统村落在保护过程中存在的问题越来越突出，在法律、制度不完善的情况下，这就迫切要求我们寻找到传统村落保护与发展的恰当方式。

陈列是博物馆实现其社会功能的主要方式。博物馆陈列是在一定空间内，以文物标本为基础，配合适当辅助展品，按照一定的主体、序列和艺术形式组合成的，进行直观教育、传播文化科学信息和提供审美欣赏的展品群体。[③] 传统村落中生产工具、手工制品、民居建筑等都是陈列的表现。庙宇、祠堂、戏台、古桥、书院、历史遗址（包括各级文保单位）等都是传统村落的构成要素，它们中部分还发挥着一定的作用，但更多是对传统村落文化的呈现。

2.案例分析——以陆巷社区博物馆为例

陆巷社区博物馆设立于2012年。随着近年来建设力度的不断加强，陆巷社区博物馆建设已取得一定的进展，获得了社会的认可。陆巷社区博物馆是建立在社区博物馆理论的基础之上，同时结合陆巷村的实际情况。陆巷社区

---

① 周建明.中国传统村落——保护与发展[M].北京：中国建筑工业出版社，2014：37.

② 中华人民共和国国务院.博物馆条例：国务院令659号[EB/OL].（2015－02－09）[2017－02－28].http://www.gov.cn/gongbao/content/2015/content_2827188.htm.

③ 王宏钧.中国博物馆学基础[M].上海：上海古籍出版社，2001：246.

博物馆的重大决策由当地居民、政府、博物馆工作站共同商讨决定。陆巷社区博物馆主要由六大部分构成，包括一个展示中心和五个主体单元。其中在村落的入口处，建立有一个社区博物馆展示中心（图4-15），展示中心通过说明牌以及藏品陈列介绍了陆巷古村形成和发展的历史，陆巷世族变迁、民俗文化等。同时展示有精美的木雕、石雕、砖雕等。五个主题单元分别是自然生态主题展示、古村落主题展示、江南士族生

图4-15 陆巷村社区博物馆中心馆

图4-16 江南士族生活主题展示

活主题展示（图4-16）、陆巷民俗文化主题展示、民间工艺主题展示。江南士族生活主题展示以惠和堂、遂高堂、怀德堂为主体，展示着南渡文化、科举文化以及洞庭商帮文化。展示的方式具有多样化，以陈列展示为主，活态展示为辅。每逢重大节日，当地村民会举办一些民俗活动，前来参观的游客也会参与其中。陆巷村的管理主要包括政府部门、博物馆工作站、村民以及旅行社。博物馆工作站主要负责各主题展示的布展和展品的保护工作，村民主要参与重大问题的决策，同时做好村内农家乐服务工作。

在古街上，有现场制作、销售的白玉方糕，而前来驻足观看和购买的游客较多，不仅给游客展示了白玉方糕的制作过程，同时也增加了村民的一定经济收入，更重要的是也保护和传承了这一传统手工技艺（图4-17）。

图 4-17 陆巷古街白玉方糕制作展示

三、具体保护措施

（一）深入调查，建立地方档案

针对江苏国家级传统村落数量较少的现状，应加强对传统村落的调查，建立地方档案。据查阅相关资料得知，江苏省具有传统性质的村落并不少，只是由于多种原因，没能做到很好的保护，部分传统建筑遭到了人为的破坏。仍有部分村落，虽未被评选国家级传统村落，但是在村落格局、古建筑、非物质文化遗产方面有各自的特色，这些村落是我们需要充分深入挖掘的重点。地方有关部门应深入调查村落选址与自然环境、传统格局与整体风貌、传统建筑、历史环境要素、非物质文化遗产等，根据调查结果，建立地方传统村落档案，同时应定期跟踪并记录村落的发展变化，并在档案中增补相应资料。江苏苏北地区相比苏南经济落后，重工业较为发达，在城市化进程中容易忽略对具有传统性质村落的保护，以徐州市为例，目前无一村落入选中国传统村落。但是具有传统性质的村落并不少。例如邳州市官湖镇授贤村、徐州大吴街道办事处湖里村、吴邵村等。徐州吴邵村，有着600多年的历史，村落依山而建，自然环境独具特色，村落中的传统建筑和民风民俗充分地反映了苏北地区的传统文化。位于南京高淳区的蒋山村，建于宋朝，保存有何氏宗祠、吴家祠堂等多处传统建筑。上述传统村落在某些方面目前未达到国家级传统村落的标准，但是仍具有重要的价值，对于这类传统村落，应积极采取保护措施，加强薄弱环节的保护力度。

（二）加强宣传力度，提高保护意识

解决村落"空心化"最关键的措施是通过宣传普及与文化遗产相关知识，让原住民意识到村落蕴含的丰富价值，从而提高保护意识。[①]首先需要宣传传统村落保护的意义，使民众了解传统村落保护在社会、经济、文化发展过程的重要价值，使保护变为全体民众的自觉行动。同时普及村落历史沿革、古迹遗存，突出村落特色，打造具有地方特征的村落品牌形象。增强当地居民对村落的自豪感和归属感，让村民参与到传统村落的保护与发展过程中来，减少原住居民的流失。[②]合理发展村落旅游不仅能够增加当地村民的收入，同时能够解决村民的就业问题。部分传统村落在村落周围积极开发旅游景点，以此来吸引游客，但是效果却不明显。例如南京江宁区杨柳村，开发了凤凰湖、阿金河山庄、阿金河水上游乐、柑橘观景等多处旅游景点。整体旅游开发较好，交通较为方便，但是前来参观的人却不多。很大部分原因在于没能做好宣传工作。通过采访周围的人发现，很少有人听说过杨柳村这一村名，对杨柳村有一定了解的更是少之又少。针对宣传力度不足问题，有关单位和部门应积极做好宣传工作，通过电视、广播等多种渠道加大宣传力度。随着网络技术的发展，互联网的作用越来越大，应该积极运用互联网媒介，做好传统村落的宣传工作。例如通过建立传统村落微信公众号，及时推送信息，让人们关注村落的动态，宣传村落保护知识，同时也能集言纳策。

（三）完善法律制度，落实修缮工作

传统建筑的修缮主要集中在传统民居的修缮工作，传统民居修缮问题迟迟难以解决的关键原因有两点。一是没有明确的法律制度保障，参照相关法律，传统民居所有权属于个人的，个人有能力修缮的，个人承担修缮费用，没承担能力的由政府修缮。这就存在很大的弊端，修缮花费的费用较多，很多村民不愿意去修缮，比起修缮更愿意翻新重盖。二是修缮人才缺乏，资金不足，传统村落修缮费用较高，地方政府也不愿意花费较多的修缮费用。由于传统村落的特殊性，到目前为止，并未有专门的法律制度。相关部门应结合地方具体情况，完善保护制度。管理部门要加强对传统村落中传统建筑的

---

① 施静.古村落保护与再利用研究——以苏州杨湾古村为例[D].苏州：苏州大学，2015.

② 周建明.中国传统村落——保护与发展[M].北京：中国建筑工业出版社，2014：151.

调查研究，具体分析传统建筑的损毁情况，进而制定修缮措施，落实传统建筑尤其是传统民居的修缮工作。对于存在安全问题的建筑，要立即采取相应解决措施。江苏省为了加强传统村落的保护工作，相关部分正在出台《江苏省传统村落保护办法》，目前处于征求公众意见阶段。《江苏省传统村落保护办法》在遵守国家相关法律法规基础上，结合江苏传统村落具体情况，为江苏省传统村落保护与发展工作建立了更加完善的法规与制度保障。

（四）加强传统村落环境治理

村落环境治理首先需要提高村民的环境保护意识，增强村民环境保护的自觉性。通过集中宣讲、村民之间互相监督的方法来提高村民的保护意识。同时村委要积极加强基础设施建设，基础设施完善要与传统建筑修复结合起来。可以在不破坏传统民居外观的前提下，通过改造内部建筑空间来适应现代生活。在村落公共活动地段和主要道路两侧应设置符合环境保护要求的公共厕所；对垃圾应进行定点收集、封闭运输、统一消纳等。而部分已经开发成旅游景点的村落，村落的环境污染更多是来源于游客和农家乐产生的垃圾，这就要求在古街的显著位置张贴环境保护提示标志，对村落的农家乐进行有效监督，完善管理制度。

（五）培养人才，落实保护规划

专业人才的培养，是传统村落保护工作开展的前提。可以在原有的村落领导人中加强文化人才建设，提高乡土文化意识。应加强传统村落相关知识的培训学习，深入掌握传统村落管理方法。同时也要培养古建筑修缮人才，长期维护传统村落中传统建筑的修缮工作。传统村落保护规划编制的目的在于促进村落保护工作的开展，规划制定是建立在实地调查的基础上，结合村落特色制定，同时也需要得到有关部门的审核，具有一定的科学性和可实施性。很多传统村落在申报国家级传统村落过程中，积极地做好村落保护工作。在村落建设初，投入了大量人力、物力，但是建成之后，却疏于管理和缺乏技术、人才等方面的保障，使得整体的基础设施、旅游设施等建设水平未能得到充分地反映。虽制定了保护发展规划，但是村落相关工作的开展很少按照规划来实施。住建部等相关部门已注意到这一问题，在2016年《关于开展传统村落保护项目实施情况专项督查工作的通知》中，强调要求做好中国传统村落保护项目实施和督查工作。

第五节　关于江苏国家级传统村落保护研究的思考

传统村落的保护既有其历史价值，也有其现实价值。一方面，传统村落保留了大量的原始农耕文明，如传统的生产工具、生活方式、饮食习惯、特色建筑、民风民俗等，这些都是值得保留的传统生活的记忆。另一方面，在现代工业文明大肆发展的过程中，传统村落的保护越来越突出。[①]

一、保护与发展协同并进

随着经济发展和城市化进程的加快，传统村落减少的趋势越来越明显。从表面看来，保护与发展是传统村落的重要矛盾之一。但是从本质来看，传统村落的保护与发展是相互统一的，保护是发展的前提和基础，发展为保护提供了有利的资金支持。传统村落随着社会大环境的变化，必然要发展，发展程度的把握来源于对村落整体现状的调查和分析。认为传统村落的保护就是让传统村落一直保护原有状态，避免任何人为的改变，这种保护观念是片面的，也是不符合实际的。保护与发展可平衡并进，西方国家在这一方面做得较好，对独具特色的村落进行重点发展，突出表现其特色资源，而对特色一般的传统村落注重保护。传统村落的保护与发展不但不是矛盾，反而可以和谐统一，互为动力，其原则是，尊重历史和创造性的发展缺一不可。在调查的江苏28个国家级传统村落中，苏州明月湾村、无锡严家桥村在村落保护与发展过程中处理得较好。在对村落做好保护工作的基础上，积极发展村落特色旅游文化，以此来更好地促进保护工作的实施。

二、注重保护当地特色

江苏传统村落中，苏南传统村落和苏北传统村落在民居的构造、整体面

---

① 唐盈，王思明.江苏省传统村落调研报告[J].中国民族博览，2016（3）：9-11.

貌上存在着不同，苏南传统村落对河湖水系的依赖更大，自然景观环境更为突出。同时每个传统村落不论是村落选址与格局、传统建筑、非物质文化遗产、农作物耕作方式和生活习俗都存在不同，具有各自的特点。以无锡礼社村和严家桥村为例，礼社村和严家桥村在村落形成的时间上大致相同，但是形成原因却不同。礼社村是自然形成，文化气息浓厚；严家桥村是因为商贸而形成。在传统建筑上，礼社村保留较多是名人故居，严家桥村更多是古码头、布庄。但是严家桥是锡剧的发源地，这是严家桥村落的重要特色之一。这就要求在传统村落保护过程中，在坚持整体性保护原则的基础上，注重当地特色的保护，避免在保护过程中出现千村一面的尴尬局面。在苏州杨湾村的调查中发现，很多明清墓碑被用来铺设村落的道路，但是大部分碑文字迹清楚，可以将这些墓碑集中起来做碑刻专门的展示，同时也有助于研究当地的历史、宗族关系。

三、提高村民参与力度

传统村落保护涉及面很广，因此，应该在以政府部门为主导、村民为主体力量的基础上，建立有效的运营机制并鼓励社会力量的广泛参与，村民则应该作为传统村落整治、建设的主要参与者和基本动力。[①] 在当地生活的村民，是传统村落重要的组成部分，很多保护措施的施行都与村民有着直接或间接的联系。同时传统村落的非物质文化遗产的表演、传承都要依靠当地村民。传统村落的村民往往具有双重身份：一是当地村民有着传统建筑的产权，是资源的拥有者；二是村民是村落发展重大利益的相关者。这双重身份决定当地村民在村落重大问题上拥有参与决策权。

在保护政策制定和实施过程中，不能为了强调保护传统村落而忽视村民的生活需求。居住在传统民居中的多为村中的老人，很多传统民居基础设施较差，给老人生活带来了很多不便。这就要求在保护政策制定和实施过程中，在保护传统建筑的基础上，做到以人为本，充分考虑村民的居住环境，同时应鼓励当地村民参与传统村落保护规划的制定。

---

① 朱晓芳.基于 ANP 的江苏省传统村落保护实施评价体系研究 [D].苏州：苏州科技大学，2016.

附 录

附表 4-1　江苏 28 个国家级传统村落基本情况统计表

序号	名称	面积（km²）	形成时间	传统建筑	非物质文化遗产	保护规划	旅游状况
1	无锡市惠山区玉祁镇礼社村	3.7	宋代	孙冶方故居、薛暮桥故居、永善堂、薛氏义庄、神仙庙	玉祁双套酒酿造技术、礼社大饼、礼社庙会、礼社山歌、白狐厅传说、轧神仙传说	《无锡市惠山区礼社古村保护规划》	孙冶方故居、薛暮桥故居，对外开放
2	苏州市吴中区东山镇陆巷古村	0.74	宋代	王鏊故居、遂高堂、陆氏宗祠、衡南陆公祠、惠轩书室、陆苏九宅第	白玉方糕	《苏州市东山镇陆巷历史文化名村保护规划》	建成社区博物馆，门票50元
3	苏州市吴中区金庭镇明月湾村		明代	大小明湾、古石板街、凝德堂、吴氏瞻瑞堂		《苏州市金庭镇明月湾历史文化名村保护规划》	太湖桥吹风、覆水砖寻古、农家乐生态旅游、范蠡文化馆，门票50元
4	南京市江宁区湖熟街道前杨柳村	5.8	明代	朱家大院、映雪堂、省乐堂、酌雅堂、安雅堂	金箔制作工艺、周岗红木技艺、湖熟板鸭制作工艺	《江宁区杨柳历史文化名村保护规划》	凤凰湖、阿金河山庄、阿金河水上游乐、柑橘观景台 朱家大院门票40元
5	南京市高淳区漆桥镇漆桥村	0.27	宋代	漆桥、古平井、漆桥老街、雨荷轩、老孔家茶馆	漆桥老街庙会、舞龙灯、划龙舟、侠盗李开府、董小宛唱戏	《南京市高淳区漆桥历史文化名村（保护）规划》	古村一条街、孔子学院、"江南儒家第一村"

序号	名称	面积（km²）	形成时间	传统建筑	非物质文化遗产	保护规划	旅游状况
6	无锡市锡山区羊尖镇严家桥村	8.3	清代	德润堂程宅、唐氏花厅、永兴桥、唐家码头、百米长廊、李家宅院、万善桥、梓良桥、春源布庄	锡剧，严家桥一直被认为是"华东三大剧种"之一锡剧的发源地	《严家桥传统村落保护发展规划》	唐氏民族工商业陈列馆、锡剧纪念馆
7	常州市武进区前黄镇杨桥村	5.96	元代以前	丁家塘丁宅、百岁庄、牧斋院、杨桥戏院、太平庵、《重建杨桥碑记》石刻	杨桥庙会、调犟牛、调三十六行、捻纸、捐轮车	《常州市杨桥传统村落保护发展规划》	"美丽乡村"建设、修建老街
8	苏州市吴中区东山镇三山村	2.8	元代以前	"三山岛遗址"及"哺乳动物化石地点"、清俭堂、师俭堂、九思堂、荆茂堂、震远堂以及秦祠、薛家祠堂	洞庭碧螺春制作工艺	《苏州市东山镇三山历史文化名村（保护）规划》	国家地质公园、国家5A级景区、全国农业旅游示范点
9	苏州市吴中区东山镇杨湾村	11.86	南宋	怀荫堂、明善堂、轩辕宫、崇本堂、锦星堂、久大堂、纯德堂	洞庭碧螺春制作工艺、雕刻艺术、正月猛将会、东山婚俗、刺绣	《苏州市东山镇杨湾历史文化名村（保护）规划》	恢复老街、修建历史文化街区、重点游览区、轩辕宫门票30元

续表

序号	名称	面积（km²）	形成时间	传统建筑	非物质文化遗产	保护规划	旅游状况
10	苏州市吴中区东山镇翁巷村		明代	凝德堂、瑞霭堂、柳毅井、启园、松风馆、务本堂、翁家宗祠		《苏州市东山镇翁巷村保护发展规划》	是集中体现洞庭商帮儒商文化的重要村落。
11	苏州市吴中区金庭镇东村	1	汉初	敬修堂、栖贤巷门、徐氏宗祠、萃秀堂、学圃堂、绍衣堂、敦和堂、孝友堂、凝翠堂、维善堂	苏式彩画	《苏州市金庭镇东村历史文化名村（保护）规划》	徐伯荣艺术馆、敬修堂：占地面积1866平方米，西山现存最大的一幢古宅
12	苏州市常熟市古里镇李市村	7.3	明代	景行堂、忠义青石碑、程家古宅、陆家古宅、惠绥桥、文昌桥	白茆山歌、李市民间故事、李市宣卷、打铁、李市道教音乐、红木雕刻、李市青团子、花色糕点	《常熟市古里镇总体保护规划》	
13	镇江市新区姚桥镇华山村	2.5	元代以前	积昌堂、天和永号、鸿飞堂、山北县委县政府旧址	《华山畿》和华山畿传说、华山太平泥叫叫	《镇江市华山村历史文化名村保护规划》	镇江传统乡村文化旅游体验地
14	镇江市新区姚桥镇儒里村	4	元朝末年	朱氏宗祠、朱氏老宅、儒里古街、张氏宗祠、王氏民宅、爵家怀德堂	儒里朱氏祭祀、长鱼脆丝、全羊席、东乡羊肉		

序号	名称	面积（km²）	形成时间	传统建筑	非物质文化遗产	保护规划	旅游状况
15	镇江市丹阳市延陵镇九里村	2.55	元代以前	十字碑、消水石、季河桥、沸井、季子庙		《丹阳市延陵镇九里历史文化名村（保护）规划》	旅游发展以田园水乡为基调，以古吴文化为主线
16	镇江市丹阳市延陵镇柳茹村	3.6	南宋	眭氏节孝坊、贡氏宗祠、王公祠、"九圈十三井"	《贡氏宗谱》、正月二十庙会	《镇江柳茹村历史文化名村保护规划》	修复柳茹村贡氏宗祠第一进；后修复贡氏宗祠第三进和村中名宅——守愚堂
17	常州市武进区郑陆镇焦溪村	3.388	元代	黄石半墙	锡剧、常州小热昏、常州宣卷、常州唱春、焦店扣肉制作技艺	《常州市郑陆镇焦溪村传统村落保护发展规划》	
18	苏州市吴中区金庭镇衙甪里村	8.2	清代	禹王庙、郑泾港、永宁桥、孤星桥、巡检司衙署、御史牌楼、五女坟	洞庭碧螺春制作工艺	《苏州市吴中区金庭镇衙甪里村传统村落保护发展规划》	禹王庙景点
19	苏州市吴中区金庭镇东蔡村	5.889	南宋	余庆堂、春熙堂、爱日堂、芥舟园	消夏渔歌	《苏州市吴中区金庭镇东蔡村传统村落保护发展规划》	
20	苏州市吴中区金庭镇植里村	0.6	南宋	植里古道及桥、培德堂、余庆堂、仁寿堂、罗寨、里庵	洞庭碧螺春制茶技艺	《苏州市吴中区金庭镇植里村传统村落保护发展规划》	

序号	名称	面积（km²）	形成时间	传统建筑	非物质文化遗产	保护规划	旅游状况
21	苏州市吴中区香山街道舟山村	2.5	明代	吕浦桥、同安禅寺	舟山核雕	《中国传统村落苏州市吴中区香山街道舟山村保护发展规划》	核雕已形成舟山独树一帜的地方性文化产业，"中国核雕第一村"
22	苏州市昆山市千灯镇歇马桥村	3.62	清代	石板街、牌坊、陈宅、歇马桥、韩世忠纪念馆	千灯跳茶板	《昆山市千灯镇歇马桥传统村落保护规划》	致力于古村落保护和环境综合整治，不断挖掘历史遗迹和民间资源，彰显古村落的特色
23	南通市通州区二甲镇余西社区余西居	1.25	明代	精进书院、钱氏牌坊、朱理治故居、朱晋元故宅、杜谊茂绸布庄	南通蓝印花布印染技艺	《南通市通州区二甲镇余西历史文化保护规划》	
24	南通市通州区石港镇广济桥社区	0.9	明代	玉皇殿、都天庙、吴宅、季氏粮行、孙氏故宅、李宅	石港戏曲谜盘、社区京剧、盆景艺术	《南通市通州区石港镇历史文化保护规划》	"中国民间艺术之乡（京剧）"
25	淮安市洪泽县老子山镇龟山村	3.4	元代以前	龟山遗址、淮渎庙遗址、建安淮寺碑、淮渎庙碑、御码头、石工墙、石头房子	水漫泗洲城传说、巫支祁传说、洪泽湖渔鼓舞	《洪泽县老子山镇龟山村历史遗产保护概念性设计研究》	龟山民俗客栈：客房9间，11个床位，每个房屋都有着不同的特色

序号	名称	面积（km²）	形成时间	传统建筑	非物质文化遗产	保护规划	旅游状况
26	盐城市大丰市草堰镇草堰村	7.5	清代	草堰石闸、范公堤、北极殿、义阡禅寺、永宁桥、朱氏民居、钱氏卷瓦楼、李氏民居、龙溪古街道建筑群、袁家巷古建筑群、太平巷古建筑群	《张士诚传说》、刘鸿宾——木刻、松花皮蛋、香肠、龙虎斗烧饼、灯会、做祭、点歪歪灯	《江苏省盐城市大丰区草堰镇古盐运集散地保护区保护规划》	按照"一廊六组团"的总体布局，做好古盐运集散地保护区的保护与开发，推进青年客栈、古盐博物馆、非遗文化展览馆建设，七彩花田、茶食铺子、乡村民俗
27	苏州市吴中区金庭镇蒋东村后埠村	0.9	宋代	井亭、费孝子祠，燕贻堂、承志堂、介福堂、徐家巷巷门遗址、摩崖石刻		《苏州市金庭镇后埠古村落保护与建设规划》	后埠村的旅游起步较晚，目前主要工作是对村落中的传统建筑进行修缮
28	苏州市吴中区金庭镇堂里村堂里	4.83	宋代	沁远堂、仁本堂、容德堂、崇德堂、遂知堂	洞庭湖碧螺春制作技艺	《堂里古村落保护与建设规划》	堂里七十二堂

（本章作者：史可，南京师范大学2014级文物与博物馆学专业硕士研究生）

参考文献

[1] 中华人民共和国住房和城乡建设部等部门.住房城乡建设部等部门关于公布第四批列入中国传统村落名录的村落名单的通知：建村[2016]278

号 [EB/OL].（2016 — 12 — 09）［2017 — 2 — 10］.http：//www.mohurd.
gov.cn/wjfb/201612/t20161222_230060.html

[2] 夏周青.中国传统村落的价值及可持续发展探析 [J].中共福建省委
党校学报，2015（10）62 — 67.

[3] 施静.古村落保护与再利用研究——以苏州杨湾古村为例 [D].苏州：
苏州大学，2015.

[4] 陈光庆，夏军.江苏古村落 [M].南京：南京出版社，2016.

[5] 周建明.中国传统村落——保护与发展 [M].北京：中国建筑工业出
版社，2014.

[6] 张勃.传统村落，为什么保护，怎样保护？——关于当前保护传统
村落正当性和方法的思考 [C].北京史学论丛，2015：254 — 267.

[7] 尹超，姜劲松.江苏省古村落保护与实施状况分析 [J].小城镇建设，
2010（7）：86 — 92.

[8] 王留青.苏州传统村落分类保护研究 [D].苏州：苏州科技学院，2014.

[9] 方磊，王文明.大湘西古村落分类与分区研究 [J].怀化学院学报，
2013，32（1）：1 — 4.

[10] 中华人民共和国住房和城乡建设部等部门.住房城乡建设部等部门
关于印发《传统村落评价认定指标体系（试行）》的通知：建村 [2012]125
号 [EB/OL]（2012-08-22）［2017 — 2 — 25］.http：//www.mohurd.gov.cn/
wjfb/201208/t20120831_211267.html.

[11] 曹迎春，张玉坤."中国传统村落"评选及分布探究 [J].建筑学报，
2013（12）：44 — 49.

[12] 潘刚，马知遥.2013年中国传统村落研究评述 [J].长春市委党校学
报，2014（6）：9 — 13.

[13] 唐盈，王思明.江苏省传统村落调研报告 [J].中国民族博览，2016
（3）：9 — 11.

[14] 潘明率，郭佳.京西古道传统村落保护研究初探——以门头沟区三
家店村为例 [J].华中建筑，2016（5）：137 — 141.

[15] 罗文聪.我国传统村落保护的现状问题与对策思考 [J].城市建设理
论研究，2013（20）.

[16] 张于，杨宇杰.传统村落保护与发展研究 [J].才智，2016（29）：224.

[17] 刘馨秋，王思明.中国传统村落保护的困境与出路 [J].中国农史，2015（4）：99—110.

[18] 尹超，姜劲松.江苏省古村落保护与实施状况分析 [J]，小城镇建设，2010（7）：86—92.

[19] 胡彬彬.立法保护传统村落文化迫在眉睫 [J].当代贵州，2013（22）：30.

[20] 王小明.传统村落价值认定与整体性保护的实践和思考 [J].西南民族大学学报，2013（2）：156—160.

[21] 王浩.常州胜西古村落保护研究 [J].黄冈职业技术学院学报，2013，15（5）：110—112.

[22] 苏州市政协文史委.加强对非物质文化遗产传统村落的保护 [J].江苏政协，2014（9）：47—48.

[23] 杨曦宇.古村落非物质文化遗产的挖掘及保护——以历史文化名村迤沙拉村为例 [J].大众科技，2011（11）：239—241.

[24] 向云驹.中国传统村落十年保护历程的观察与思考 [J].中原文化研究，2016（4）：94—98.

[25] 寇怀云，章思初.新农村建设背景下的传统村落保护变迁 [J].中国文化遗产，2015（1）：12—17.

[26] 马知遥."千年最美古镇"调查的思考 [J].文化月刊，2013（9）：119.

[27] 张伟.传统村落保护与美丽乡村建设刍议——基于非物质文化遗产保护视角 [J].江南论坛，2014（1）：48—49.

[29] 王宏钧.中国博物馆学基础 [M].上海：上海古籍出版社，2001.

[30] 中华人民共和国国务院.博物馆条例：国务院令659号.[EB/OL].（2015—02—09）［2017—2—28］.http：//www.gov.cn/gongbao/content/2015/content_2827188.htm.

[31] 施静.古村落保护与再利用研究——以苏州杨湾古村为例 [D].苏州：苏州大学，2015.

[32] 朱晓芳.基于ANP的江苏省传统村落保护实施评价体系研究 [D].苏州：苏州科技大学，2016.

第五章　新农村建设中的文化情结

——来自浙江省东阳市花园村的报告

第一节　调研概况

一、调研背景

新农村建设开展十五年来，以华西村、大寨村、花园村、南街村等名村为代表的一大批农村已在经济上实现脱贫致富，进入全面小康甚至富裕阶段，随之而来的农村风情流失，文化建设已逐渐成为掣肘新农村建设的短板，仅以2016年涉及新农村建设的党和国家政府文件为例，有多达32条文件都明确指示新农村建设应重视文化。2016年中央一号文件《中共中央国务院关于落实发展新理念加快农业现代化实现全面小康目标的若干意见》中有多处提到，"全面加强农村公共文化服务体系建设，继续实施文化惠民项目""大力发展休闲农业和乡村旅游，加强乡村生态环境和文化遗存保护"……凡此，折射出当前新农村建设中的文化建设举足轻重，各农村如何在经济发展中平衡并运用起文化的正作用力，如何保留独有特色的乡村文化，这些都是当今新农村需要重视并分辨的抉择。

在如此理论指导和现实亟待解决的背景之下，团队选择"新农村建设中的文化情结"为研究课题，以新农村建设中保有独特文化情结的浙江省东阳市南马镇花园村为个案调查，深入挖掘花园致富传奇，探究花园文化发展特色及蕴含的科学真理，以期为其他新农村建设提供借鉴。

二、调研目的

本次调研目的如下：

一是调查花园村的致富传奇故事，尤其是文化建设，对花园村各项文化事业建设通过访谈和问卷做出整理和评估；

二是提炼概括花园村在新农村建设中的独特的文化发展之路及其中蕴含的科学理念和文化情结；

三是了解普通村民对花园村文化建设的感知度和受益程度，评估花园村文化建设的落实度和惠民度；

四是探讨"花园村文化情结"对全国其他村镇文化建设具有参考价值，在学习花园村模式时，需在哪些方面做出因地制宜的改变。

三、调研对象及方法

此次调研以浙江省东阳市花园村文化建设发展现状为研究对象。浙江东阳花园村地处浙江中部，现拥有农户1748户，总人口超四万人（其中村民5021人），村区域面积达五万平方公里，名列中国名村综合影响力排行榜第三位，曾受习近平、张德江、赵洪祝等多位领导同志亲临考察高度赞扬其新农村文化建设，张德江同志为花园村题词"浙江农村现代化的榜样"。花园村既是浙江省首个以村为单位创建成功的国家 AAAA 级旅游景区，也是首批浙江省乡村生态旅游实验示范区以及浙江省非物质文化遗产旅游景区，是举世闻名的"红木家具第一村"，有世界最大的木材批发市场。网络和实体公共文化基础设施种类繁多、体系完备，重视文化教育事业的开展，农民自办文化活动开展得如火如荼，体育健身休闲娱乐等文化活动目不暇接。

调研方法主要有实地考察、深度访谈、问卷调查以及文献资料查阅。调研小组查阅数字资源与书本报纸，对花园村的资料进行搜集整理；前往花园村进行实地考察，走访村民，深入地体验花园村的传统与文化建设。以针对性的面对面访谈作为调研主要方式，共选取28个包括组织干部、商人、文化事业单位负责人以及普通村民在内的花园村建设中各种各样的对象进行访谈，覆盖面广泛，访谈时间控制在半个小时之内，尽量做到有适当深度而又不影响访谈对象的生产生活。并辅以一定量的问卷调查来保证此次调研的广度，争取最大限度地跟村民接触，了解村里文化建设的惠民情况。

四、调研思路

通过对前期28份访谈资料、问卷资料、文献资料等调研材料整理分析，本调研报告采取"为什么—是什么—怎么做"的撰写思路，首先就"新农村建设中的文化情结"这一课题的背景、目的进行阐述，分析这一课题的理论意义、现实意义以及科学性、可行性；第二步描述花园村文化发展的粗略过程，从五个方面展开叙述（从无到有到强的经济支撑、日趋完备的公共文化基础设施、由没落走向蓬勃的传统文化资源、尝试文化产业、活跃的文化活动）；第三步根据花园村文化建设现状归纳总结出花园村在发展过程中蕴含的五大科学理念暨五种文化情结，分别是政府引导民众自办的创新型"花园"文化、生态与科技并举的绿色文化、注重兼收并蓄的"拿来"文化、致力协调引导的南山文化、旨在雅俗共享的场馆文化；第四步，以花园的文化发展之路为出发点，从花园村民和社会角度切入，概述花园文化发展的作用，花园用它逐渐体系化的文化建设实现了文化与经济的正向促进，助推了和谐花园的建设，为其他新农村建设提供借鉴和参考，是真正惠及人民和社会的典范。此外，将新农村文化建设研究现状、问卷调查分析结果、新农村文化建设发展对策和建议单列为三个分报告，作为该调研课题的补充说明材料。另有访谈资料、问卷原样、实践感悟、实景图片等若干附件。

第二节　花园村文化的发展历程

一、从无到有到强的经济支撑

在访谈中，我们了解到，花园村也曾是贫穷落后的山村，其发展始于改革开放初期。1981年，邵钦祥等人凑钱办起了蜡烛厂，由此开始带领全村的燎原之路，到2004年，村民人均年收入3.6万元，实现小康。2009年实现全面小康，为花园村发展更上一层楼，在这一年，引进生物高科技、全民创业打造红木家具批发市场、引进外资投入新型材料与机械制造，从2011年到2015年，花园村全村经营收入从117亿元增加到401亿元，个私工商户从807家增加到2796家，村民年人均收入从6.8万元增加到15万元。截至2016年年底，花园村拥有个私工商户2827家，全村实现营业收入461.23亿元，村民人均年收入达16万元。今年，花园要突破四大指标：全村营收突破500亿元，集团总资产突破200亿元，净资产100亿元，实现利润突破10亿元（数据来源于中国花园集团主办《花园报》第一版，2017年2月17日）。花园村自新农村建设起步至今取得了丰硕的经济成果，全国农村影响力第三强当之无愧。

花园村在村长邵钦祥的带领下，自发展起就逐步有计划地投资文化建设，从花园文化中心金光强主任的访谈中我们了解到，花园村自20世纪90年代以来，要求文化建设投入资金不低于当年财政支出的2%。其中文化投入专项资金达400万元以上，集体不光为经济发展搭台，也为村民文娱生活搭台，丰富民众文化生活。第一座农村影剧院，最高的摩天轮，第一座中国农村博物馆，第一批国家级非物质文化遗产东阳木雕与红木家具第一城……一直行走在地区文化发展的前沿（附件三）。

图 5-1　花园大剧院

二、公共文化设施日趋完备

花园村从20世纪80年代迅速发展以来，逐步建立起完备而庞杂的公共文化基础设施系统（表5-1）。1985年花园村即用服装厂盈利得来的第一桶金用于建立花园影剧院（图5-1），投资18万元，历时三年。1988年开始，花园村启动旧村改造工程，一方面拆除危房扩建新房，另一方面有意

图 5-2　民俗馆

图 5-3 花园全景图

识地保留具有代表性的古老民居，如马府厅、恒生堂、本保殿等，其后将这些民居整体搬迁，集中放置，这就是现在民俗馆（图5-2）的泰山乐园，于1999年动工建设，涵盖中老年运动健身器材、广场舞场地设施、青少年野外拓展训练基地、儿童游乐设施等，至今累计投资达800多万元。文化广场，始建于1998年，投资24万元（数据来源于浙江东阳市花园村村志编委会 . 花园村志 .2014（6）），后于2012年成立文化中心，由金光强先生任中心主任，统筹规划文化建设，村里先后投资两亿多元，统一规划兴建或重建一大批文化项目场所，形成如今花园公共文化基础设施的中心地区（图5-3）。

表 5-1 花园村公共文化基础设施一览表

红木家具圈	花园红木原料展示馆
	胡冠军红木家具艺术馆
	花园红木家具城
	花园原木市场
	板材市场
	花园雕刻油漆中心
	东阳市红木家具产业园
生态旅游观光区	中国农村博物馆
	花园大剧院
	花园图书馆、职工书屋
	文化休闲娱乐广场（10）个
	花园游乐园
	花园游客服务中心
	吉祥湖水幕电影和音乐喷泉公园

续表

生态旅游观光区	健身休闲公园
	中华百村图
	生态农业园
	民俗馆
	百花园、百果园
	南山寺佛教文化园
	青少年素质拓展训练基地
	福山胜境
教育、医疗等社会事业	花园党校
	花园幼儿园
	花园中学
	浙江师范大学附属东阳花园外国语学校
	花园职业技术学校
	花园田氏医院
	花园村免费公交车
商业圈	花园建设中心（建设中）
	省三星级市场花园粮油商贸城
	花园购物广场
	花园大厦
	花园娱乐城
	服装、饮食一条街
	建材两条街
	花园大排档

资料来源：团队两次调研实地考察所见和访谈所得

　　实地走访中，我们发现，在洁净规整的居民小区内各有一处文化广场，共10处，有村规民约、时事简讯的阅报栏，也有乐舞健身场地，按时播放的广播；围绕科学知识的普及，村里筹办了图书馆、农村博物馆、科技馆等来为村民接触知识提供途径和场地，大力扶持中小学，普及16年义务教育，从下一代抓起。此外，红木作为花园经济腾飞和文化代表的一张名片，在文化传播和普及方面颇为重视，红木市场有一座红木原材料展览馆，店店都留有空间作为红木家具或雕刻技艺的展示，甚至有规模较大的私人艺术馆，雅俗共赏，相得益彰。

三、由没落走向蓬勃的传统文化资源

随着社会的快速前进和发展，传统文化在新文化的冲击下逐渐边缘化，走向没落。花园村祖先从河南博陵乔迁而来，元代至元年间始有居民，唐代始有建制（记载于浙江东阳市花园村村志编委会. 花园村志. 2014（6）），真正发展只在近三十多年间，过往历史乏善可陈，但却非常重视对传统文化的挖掘与传承。东阳木雕是我国第一批国家级非物质文化遗产，是木雕文化的精粹。花园村隶属于东阳地区，木雕、木线刻的传统技艺代代相传。2009年，适逢花园完成全面小康，走向富裕工作混沌未明，此时红木热在东南及世界兴起。外出打工的花园木工、技工抓住机遇，纷纷回乡创业，并在花园村委会和花园集团的支持与引导之下，形成红木产业链，将花园村打造成为今天红木家具第一。伴随着全国范围内乡风村俗的流行与觉醒，花园村多方倡导村民进行农村风俗表演，村里除花园艺术团的专业演出之外，村民自发组建秧歌队、腰鼓队等十多支团队，平时丰富空闲生活，忙时向外来参观者展示花园风貌。并在创新中国成立家AAAA级旅游景区之际，举办乡村文化风情节，吸引东阳，乃至浙东地区各民俗歌舞表演团纷纷入驻，欢庆佳节。

花园村投资1.2亿元建设全国首个国家级农村博物馆——中国农村博物馆（图5-4）。博物馆布展面积达3200平方米，设置的主题分为"理论与实践""制度与发展""实物与影像"

多个部分，展览目的在于反映新中国建立以来不同时期党和国家对农村政策制度的变化，展示以名村为代表的中国农村发展历程和发展成就，与中华百村图交相辉映，是中国农村发展的制度史和社会史。

图 5-4　中国农村博物馆

四、尝试与提升文化产业

乡村旅游业是当今新农村发展的热门文化产业。花园村投资2.6亿元，用于旅游基础设施建设，成立浙江花园旅游发展有限公司，独立打造运营国家AAAA级旅游景区。在2017的工作展望中，花园村将完成国家AAAAA级旅游景区创建工作，作为东阳地区唯一的乡村旅游景区，它是浙江新农村建设树立的标杆式模范，伴随着旅游业的繁荣与发展，必将为花园村带来源源不断的游客，这无疑又将为花园的文化熔融、经济创收增加砝码。

花园村成立了文化影视传媒有限公司，由金光强先生任董事长，投资拍摄电视剧，投资《大明按察使》和《大明按察使后传》两部电视剧之后，没有收到回报，以及预期中自制花园影视举步维艰，使得花园的影视之路戛然而止。影视行业的高投入、高风险以及花园村本身缺乏影视行业发展专业人才，这让花园集团董事会在继续投资影视剧的做法中产生分歧和质疑，继而原本计划自制影视剧的规划搁浅。可见，花园村在文化产业的发展上尚不成熟，既勇于创新，又勤于俭省，筚路蓝缕，以启山林。

此外，在实地走访中，未发现伴随旅游业而生的旅游纪念品，亦未发现由博物馆艺术馆展馆而衍生的文物复制品或其他花园特色的工艺品，可见花园村并未涉足文化创意产业。

频繁而活跃的文化发展与前进，离不开交流互动，离不开整个社会的思想解放，最快捷且影响深远的途径便是缤彩纷呈、喜闻乐见的文化活动（表5-2）。其一是新闻媒体报道，如《花园足迹30年》搜集了花园自1981年至2011年间对外宣传的新闻报道，共144篇，涵盖人民日报、光明日报、浙江日报、新华网、农民日报等主流媒体原创稿件，几乎浓缩了花园村这30年的发展脚印。三十年来，越来越多的花园读物（图5-5）成套发放到外地企业、村镇和各种会议中，随时随地向各界人士用文化传播来推介花园村。其二，花园艺术团不断创新表演内容和形式。花园艺术团拥有专业资深导演和优秀固定的团员生源，结合花园村发展成就，自编自导，给自己村民看（图5-6），与邻近的农村交换演出，与全国名村交流演出，去到全国各地进行演出，是浙江省民营优秀剧团四强之一，这些雅俗共赏的文艺演出对花园村自身是一个很好的宣传，让地处丘陵大山怀抱的花园村为全国人民所知。

图 5-5　花园读物

图 5-6　花园村春晚

表 5-2　花园村文化活动一览表（自 2016 年至今）

时间	活动
2016.1.1	花园中学举行 2016 年元旦文艺汇演
2016.1.28	旅游专场推介会
2016.1.29	花园村晚会
2016.3.8	花园村庆暨美丽乡村建设"垃圾分类 巾帼同行"动员大会
2016.3.18–3.20	花园村第八届大型春季车展
2016.4.26	花园红木家具展销会
2016.4.28	东阳电视台《书记话环境革命》首期节目在花园村吉祥湖畔录制
2016.4.30	开展一年一度的邻里"粽"是情业主联谊会

续表

时间	活动
2016.5.5	"花园红木家具城"杯女子气排球联赛
2016.5.6	花园生物公司举办"红五月迎'五四'唱红歌"比赛
2016.5.12	花园田氏医院开展健康科普宣传咨询活动
2016.6.1	花园幼儿园举行"洒下爱心 阳光圆梦"第八届爱心助学公益活动
2016.7.4	为期一个月的花园村"荷塘·夜色光影秀"夜游活动
2016.8.13-8.14	花园生物公司举行第一届文体竞赛
2016.8.18	《同享蓝天 共圆梦想》文艺晚会
2016.9.18	花园金波公司举办首届生产技能竞赛
2016.10.14	"亲子同乐 健康你我"第十届运动会
2016.10.28	花园村第五届菊花节
2016.11.11	为期一个月的梦幻灯光秀
2016.11.15	"体验长征精神，丈量美丽杭州"15公里毅行活动
2016.12.15-12.19	首届南马花园农贸广场国际美食节
2017.1.14	2017年花园村春节联欢晚会
2016.1.7	省委常委、组织部部长廖国勋莅临花园调研
2016.1.10	第二届中国农村博物馆年会暨村庄文化交流会
2016.3.4	花园集团财务系统工作会议
2016.3.15	东阳市工业经济与科技创新大会
2016.3.24	在东阳市司法行政会议上获得"全国民主法治示范村（社区）"荣誉
2016.5.6	清华大学——花园工商管理高级研修班举行开学典礼
2016.5.23	东阳衢州商会成立
2016.5.24	浙江省中小企业协会二届一次常务副会长工作研讨会
2016.6.27	花园庆祝建党95周年暨花园集团敬业标兵表彰大会
2016.8.4	花园党校举办花园集团敬业标兵先进事迹报告会
2016.8.17-8.19	2016中国铜加工产业年度大会
2016.11.12	中国共产党花园集团有限公司第七次代表大会召开
2016.11.9	国家AAAAA级旅游景区创建标准培训会和营销培训会
2016.12.10	"文化创新 联动发展"第三届中国农村博物馆年会
2017.2.3	花园建设集团2017年工作会议
2017.3.1	金华市法治文化阵地建设现场会暨民主法治村亮牌提升工作会议

资料来源：微信公众号"东阳花园村"资讯统计（时间截至2017-04-04）

花园村内也为文化"引进来"作了充足的场地准备：中国农村博物馆、花园大剧院和会展中心是三个主要会议承接地。把新文化新思想引入到花园村来，如2003年的中国农村全面小康建设研讨会、2006年第六届全国"村长"论坛、2014年第八届大学生村官论坛暨"全国村第论坛第十次执委会议"等，行业年会，如2015年、2016年共三届中国农村博物馆年会暨村庄文化交流会、2016年浙江省中小企业协会、2016中国铜加工产业年度大会等，各界领导视察……此外，名村与名村之间的考察交流、文化互通更是为这些走在新农村建设前沿的佼佼者们碰撞出新思路的火花。

第三节　花园村文化的内涵面貌

一、"花园"文化：政府引导，民众自办

30年发展的奇迹，花园靠的是创新求变。花园村村委带头苦干，民众万众一心，干部和民众在发展中始终求实、创新、求强、求富，让创新在整个花园村蔚然成风，方铸就今日所见俯拾皆文明的一枝独秀的精神富裕新农村——花园村。行走在花园村间，眼见的是各种以"花园"为名的建筑、产业，耳闻的是各种"花园好""花园邵书记"，浓郁的"花园"之风让人赞叹不已。

（一）百花齐放、活力创新的"花园形象"

通过实地走访调研，我们发现花园村之"花园"星罗棋布。

其一，凡花园村中建筑、企业皆以"花园"二字冠名，直接表达了这片土地的人民对花园强烈的认同感和归属感。在花园村中建设有花园剧院、花园图书馆、花园游乐场、花园娱乐城、花园文化广场、百花园等一系列的休闲文化设施，在花园集团和村办的共同努力下，大力推进花园村教育、科技、文化、卫生等社会事业的发展；创办了花园党校、花园中学和花园幼儿园、花园艺术团，成立了舞龙队、秧歌队、腰鼓队。

其二，在花园集团和村办的共同努力下，花园村的村民真正地生活在"花园"之中。首先随着村中经济产业的发展，花园村村民的人均收入稳步增长，2016年达到了年人均15万元的收入水平，村民在经济上达到富裕。其次，

在文化生活中，花园剧团深入群众，与时俱进，传统中揉入创新元素，把创新精神贯穿文艺创作生产全过程，增强文艺原创能力，创造出大众喜闻乐见的新节目。

其三，花园村近些年大力推进村民的福利保障制度，医疗保障制度、16年义务教育、养老保障、创业支持……这些真正惠及村民的福利制度使得花园村村民的生活质量得到了保障。花园村的"花园"文化建设使得村民在物质基础满足的情况下，不断发展自己的精神生活。这是花园村"花园"一名更为深刻的内涵。

花园村打造出属于自己的"花园形象"，是一种文化宣传与推广的创新手段，不仅能让本村企业、村民产生认同感与归属感，也能加强他人对花园品牌的记忆，便于花园形象深入人心。

（二）求实创新、求强共富的"花园精神"

在花园村的发展过程中，逐渐形成了独具特色的"花园精神"：求实、创新、求强、求富。这种花园精神是在花园村不断地发展和奋斗中逐渐产生的内在文化，深深根植于花园村的历史当中，同时对花园村未来的发展起到引导和保障的作用。

其一，花园村在新农村发展中积极响应国家新号召，鼓励大众创业、万众创新，放手市场，鼓励自主创业，不走集体经济的老路。花园村的领导班子也在秉持"一心为公，一心为民，不忘初心，奋斗不息"的工作准则基础上不断求新求变，带领花园在发展的路上大跨步前进。

其二，始终坚持物质文明和精神文明两手抓的科学发展理念。要"把花园村打造成为世界上最富裕的村庄""让花园村民成为世界上最富有的村民"，希望村民在经济上富裕，更在精神和文化上富足。坚持每个月都会有固定的文艺演出；提倡藏书走进家家户户，村图书馆免费开放，供村民取阅；承办学术交流会议；举办红木家具展览；组织学生野外素质拓展等等。这些成就不仅仅是村中一把手领导的规划，更多的则是全体村民共同的配合和努力，逐渐将无形的精神意识落实为有形的文化项目，使得"更富裕和最富有"的目标一步步地实现。

其三，人才更是创新发展中的重要一环，花园重视引进人才、留住人才、发挥人才作用。花园村率先实现了从幼儿园到高中的16年义务教育，真正将人才的培育放在了工作的重点上。在吸引人才方面，用花园的发展前景和资金奖励大学生村官，博士生、研究生、本科生回到花园村发展。充分发挥引进科技人才的优势，建设科技创新高地，不断提高原始创新、集成创新和引进消化吸收再创新能力，促进科技和经济深度融合也是引进人才后需要重点投入的部分。

二、绿色文化：生态科技，赏心悦目

花园村着力改良优化村民生活环境和地区生态系统，为今后的发展提供良好的基础和可以永续利用的资源和环境。开发生态景色、乡村文化资源，发展乡村旅游业，改善以工业促发展的产业结构，着力对文化产业进行扶持和提升。并且大力发展高新科技，在生物制药方面抢占先机强势垄断。使花园村中人生活得舒心幸福，使花园村村貌赏心悦目，宜居宜家。

（一）生态健康，秀丽村貌

花园村在不断发展经济建设的同时，不忘生态建设，建设吉祥湖音乐喷泉、荷塘月色园、泰山公园等，为村民的日常生活休闲娱乐提供良好的场地。同时还专门设有花园生态农业园，能够为村民提供更加健康绿色的蔬果以供村民食用。花园村坚持村庄建设与生态环境一起抓，致力于建设村民乐园。花园村做到了道路硬化、路灯亮化、环境绿化、卫生洁化、饮水净化、村庄美化。专门划出一片地区建设"百花园"种植花圃，种植荷花、菊花、牡丹花等花卉，在各个季节中，园中应季盛开的鲜花使得花园村花香满园，极大地丰富村民休闲观赏的需求。村里有园林管理处和卫生保洁队，长年从事环境绿化和环境卫生工作。花园村不仅建设有十个居民小区，同时还建设有湖景别墅群。在花园村中，绿树成荫、鸟语花香、池清水绿，连片的别墅和高档多层住宅，以及周围良好的绿化设施，人与自然和谐相处。

（二）特色乡情，乡村花园村着力对特色生态旅游方面进行开发和投入，发展文化产业

作为浙江新农村建设的名片，花园村着力主推乡村旅游业（图5-7）。根据花园村景点特色，打造中国名村考察游、红木家具采购游、生态休闲观光

图 5-7 旅游公司

游三条特色旅游线路。投资800多万元，对旧村改造留下来的民居进行搬迁整改，新辟民俗馆；投入80多万元，对村庄旅游标识牌进行全面整改和规范；投资200多万元新设特色游步道；投资500万元新建或改造旅游厕所，被评定为三星级旅游厕所。在2017的工作展望中，花园村将完成国家AAAAA级旅游景区创建工作。花园村以村为单位创建成功的国家AAAA级旅游景区，这样的成就恰恰是由于其对生态环境的重视，并且在保护的同时积极寻求发展与创新，将生态景色与乡村资源的开发同旅游产业相结合。通过这样的方式，不仅能为村中的村民提供良好的生态生活环境，提高村民的生活质量，同时还能为村中带来经济的创收。"良好生态环境是最公平的公共产品，是最普惠的民生福祉。"这样的发展模式能够为各个农村在新农村建设的过程中提供宝贵的经验。

（三）高新科技，生物制药

花园村自1981年创办服装厂到1993年成立集团，发展的都是劳动密集型产业。而花园村绍钦祥书记及早地发现了这一情况，并提出："必须实施高科技战略，拥有自主知识产权，铸造企业核心技术，才能在市场竞争中有立足

图 5-8 浙江省花园生物高科大厦

之地，赢来辉煌的明天！"其中，花园村的生物产业体现其产业的高科技化。浙江花园生物高科股份有限公司（图5-8）是浙江省东阳市花园村孕育出的首家上市公司。在20世纪90年代，花园村就开始了建设生物制药产业的历程。从与中科院签订共同开发维生素D3

的协议，到斥巨资买断维生素 D3 的生产技术，建设厂房，将维生素 D3 产品引进国际市场。到如今，花园村已成为全球最大维生素 D3 生产出口基地。花园村于 2005 年以"高科技第一村"被评为"中国十大名村"。这些成就都源于花园村在产业发展过程中的高瞻远瞩，提升产业的科技含量，并且积极对劳动密集型产业逐步进行转型与改革，提升经济的绿色化程度，发展绿色产业。

三、"拿来"文化：开放交流，兼收并蓄

花园村深知在发展中农村本身地域狭小的先天缺陷，看准时机"拿来"别人的文化迅速本土化，才能形成现在开放交流的大好格局。首先放眼全国市场，在红木热兴起时，果断结合当地木雕工艺锁定红木市场构建，占据市场集散前沿；关注理论发展前沿，利用外脑，打造独属花园发展的智库；毗邻横店影视城，近水楼台，试水影视产业，寻找文化发展突破点。

（一）握瑜怀玉，开拓市场

花园村手握红木市场资源，并为其插上文化产业的翅膀，经济与文化相辅相成，促进国内外市场开拓。东阳木雕技艺为红木家具注入了文化的灵魂，使其灵动富有韵味，花园村是东阳木雕技艺的流传区域，几百年的传承，为这片土地孕育了一批木雕、木线刻工匠艺人；花园村的经济发展，对红木市场的场地支持与集中引导，留住了这批工匠，并吸引了海内外红木贩卖商；内外共同使力，使这里成了最大的红木集散市场，花园村成为"红木家具第一村"。而在 2016 年 4 月 26 日，花园村在全球最大红木家具专业市场——浙江东阳花园红木家具城广场上，三千木工、刮磨工、雕刻工与两千特色表演队，共五千人向世界发出中国工匠之铿锵声音，标志着为期三天的 2016 中国·花园红木家具展销会正式开幕。东阳花园村"三千工匠"向世界唱响"工匠精神"。（图 5-9）

图 5-9 三千工匠表演现场

（二）利用外脑，打造智库

花园村致力打造花园智库，利用外脑，对外交流，为花园定制专属发展道路。牢牢把握智库建设的正确方向，立足花园村情，使我们的智库具有鲜明的花园特色、花园风格、花园气派。要学习借鉴国内外智库建设的有益经验，积极开展交流，加强与国外知名智库的深度合作；坚持走专业化路子，优先发展专业化智库，适当发展综合性智库；明确主攻方向，做"长线"、练"内功"，形成自己的专长和优势，提供更多专业、权威、高端的决策咨询服务，做到不仅技高一筹，而且独树一帜。

而在2015美丽乡村建设发展论坛中，农业部原常务副部长、党组副书记、全国人大农业与农村委员会副主任委员尹成杰等领导、专家以及来自全国各地优秀地区代表和企业家近200人共同出席，与会嘉宾就目前美丽乡村建设中所遇到的问题和障碍，通过政策解读、学术研讨、典型发言等形式进行深层次的对话交流。据花园村书记介绍，本次论坛之后，花园村将通过组织专家、媒体深入地方开展调研、采风等活动，推介乡村特产和旅游、传承乡村文化、扶植乡村产业、提高地方"美丽乡村"竞争力和影响力，带动旅游和经济发展，助力美丽乡村加速发展。

（三）近水楼台，文化传媒

利用靠近横店影视城的地理优势，花园村成立了文化影视传媒有限公司，是全国第一家村级影视公司，由金光强先生任董事长，投资拍摄电视剧，尝试涉足影视产业。首部电视连续剧《大明按察使》就登陆央视一套、央视八套以及央视十一套播出。

不仅于此，由浙江省作家王连生与三农专家顾益康编剧、花园影视文化传媒公司拍摄的电视剧《大道地》，也以花园村为背景，以邵家三代农民为主线，彰显了浙江农民独特的奋斗精神。全国文学影视界的专家学者赵化勇、仲呈祥、曾庆瑞等聚集东阳花园村，参加"花园村农村文化发展暨电视剧《大道地》《大明按察使后传》研讨会"，为花园村的美好明天出谋划策。

目前花园村正在搭建一座集农村影视拍摄、制作、发行的基地，不断努力学习如何独立投资拍摄影视剧，特别是接地气的新农村题材剧。下一步，花园村准备通过与成熟的影视企业合作，力求让"花园传媒"成为中国农村影视文化的标杆。

四、南山文化：协调适应，服务社会

花园村在精神文明建设的过程中特别尊重当地村民的思想文化建设和精神文明需求，大力发展集中修建了南山寺，营建了佛教文化园，更好地满足了村民们多样化的精神文化需求，引导其与社会主义社会相适应，发挥其对社会主义的正面作用，促进了花园村的整体发展。

（一）南山寺佛教文化园筹建沿革

自2004年并村以来，整合各村小庙，顺应花园村民意愿，弘扬中华佛教文化，于2007年10月在花园迎灯山兴建南山寺。第一期工程占地面积50多亩，建筑面积2000多平方米。主要建筑有大雄宝殿、天王殿、山门殿、药师殿、伽蓝殿、三圣殿、地藏殿、万佛殿、五百罗汉堂、钟楼、鼓楼，主体以木结构传统建造工艺建造，梁柱全部采用进口的大型优质木材，精雕细绘，光彩夺目，气势宏伟，蔚为壮观。

2009年1月9日，举行南山寺落成典礼暨全佛堂像开光法会，杭州市佛教协会名誉会长释继云为南山寺全堂佛像开光法会祈福。

2015年11月2日，为打造花园佛教文化特色品牌以丰富花园旅游，花园村在南山寺万佛殿、五百罗汉堂以及钟鼓楼等落成开光后开始兴建万福塔和财神殿。据介绍，南山寺万福塔高50.07米，共九层，塔内有螺旋式台阶，可登至每层直至塔顶，极目远眺。财神殿主体建构采用进口木材建造，是一个具有独特风格的长八角殿堂，内设东南西北中五路财神，神像庄重、栩栩如生、各种装饰设置丰富多彩。2017年1月15日，花园南山寺举行万福塔、财神殿落成典礼暨开光法会，这标志着花园南山寺又添新景点，进一步丰富国家AAAA级旅游景区——花园村景区旅游资源。

（二）民间传统观念与乡风文明探究

经济生活的满足得以更好地发展精神文明生活。2011年是花园集团经营形式最好、发展速度最快、创造税收最多、增长幅度最大的一年，全年实现产值87亿元，比2010年相比增长了21.83%，净资产24.99亿元。[①]家家户户住

---

① 黄佳琳.20世纪80年代以来江浙沪农村宗教信仰状况考察[D].上海：华东师范大学.2015.

上了别墅与楼房，建立和健全了医疗保险、养老保险等社会保障体系，村民的生活水平和生活质量全面提高，从而对精神生活的需求越来越多。

佛教早在魏晋时期就已经传入中国，经历了几千年的时间，早已深深地融入中国传统文化，发展成为融入我国特色的、本土化的佛教文化。中华文化具有极高的鉴别能力，佛教所宣扬的大慈大悲"菩萨行"和内外调和的处世思想，同中国社会的人文价值取向有许多相同或相似之处，两相贯通足以丰富我们的文化盛宴，所以，尽管受到了"三武之灾"的冲击，但还是被吸收过来，为我所用。佛教文化经由中华文化的洗礼，不再是神圣的、晦涩难懂的，村民有能力去接受这些文化。

国家赋予每个公民宗教信仰自由的权利，我国社会的稳定发展也为宗教的发展奠定了有力基础，改革开放以来，我们接受的文化越来越多元化，国家对国民的宗教信仰问题没有过多的束缚和要求，村民也有资格有权利获得宗教信仰。

随着时代的发展，花园村越来越多的农民都意识到了知识才是改变命运的有力武器，花园村实行16年义务教育，修建图书馆、博物馆，大剧院等等丰富和提高村民知识水平的基础设施，为村民创造了良好的学习条件。村民整体文化素质的提升，有利于科学理性宗教的发展，而非过去传统封建迷信的老一套模式。

中年时期人们生命历程中经历的子女成长、婚姻家庭、赡养老人、事业发展等状况，老年时期面临生理机能下降、社会和家庭地位下降、退休、丧偶、疾病、死亡等，这些事件对中老年时期人们的家庭、生活、工作以及人生观、价值观产生重大影响，需要对生命历程中经历的变故寻找合理解释以及社会支持。宗教参与是改善老年人生活质量的潜在资源，对生命历程中经历的变故进行宗教解释以及提供某种支持。[1]

五、场馆文化：多馆矗立，雅俗共享

随着教育功能的强化突出，博物馆成为普及知识、教育民众的公众场

---

[1]　杜鹏、王武林.中国老年人宗教信仰状况及影响因素研究 [J]. 人口研究第38卷 .2016（6）.

所，大批博物馆如雨后春笋般席卷神州。花园村敏锐地抓住了这一时机，花大量资金投入，引进专业团队，在村里修建博物馆、图书馆、科技馆，鼓励私人创办艺术馆，多馆矗立，为村容村貌点缀浓厚馥郁的科学文化气息，多次组织村民参观，培养精神富有的新花园人。

（一）农村博物馆的筹建运营

中国农村博物馆是由中国村社发展促进会牵头，花园集团投资建设的首座国字号农村博物馆，于2014年正式对外开放。博物馆布展面积达3200平方米，设政策制度馆、农村变迁馆、农村民俗馆、中国名村馆、中国江河源头馆、百村印章馆、领导关怀、村长论坛馆和花园村馆等分馆，展示以名村为代表的中国农村发展历程和发展成就。展品数量已经超过1000件。中国农村博物馆已牵头举办三届中国农村博物馆年会暨村庄文化交流会，邀请了来自全国各地的名村代表、博物馆学家和各界学者，进行关于中国农村博物馆事业的学术探讨和经验交流，促进农村博物馆的发展、提升花园村中国农村博物馆的知名度。

（二）花园村大剧院的前世今生

大剧院的兴建，有一段令人感慨的往事。现任花园集团董事长邵钦祥先生早年结婚时，花园村还没有通电，他找邻村借了电，但是婚礼中途，邻村的人把电断了。这件事让他产生了要让花园村富起来、让我的村民们都用上电，坐进剧院看场电影的想法。当他淘到第一桶金，首先就选择建造一个剧院，这是整个东阳最早的一家正规剧院。初时剧院规模并不大，主要功能是放映电影，对本村村民免费开放。

依托花园大剧院，成立了正规的花园村艺术团，成员主要是来自各大艺术高校的专业学生，题材主要是花园村三十年来的创业事迹。剧院表演村民喜闻乐见，成了花园村在周围几个村镇的"文化招牌"，一年到头，剧院里各种晚会，村民都会观看喝彩，尤其花园集团每年举办的春晚，吸引了十里八乡的民众前来欢度佳节。

（三）民俗博物馆的乡风民俗

花园村的民俗博物馆由三栋明清老建筑构成，是当初集中兴建文化设施时，从村外集体搬迁到文化园里的，完整保存了明清时期该地区农村建筑风貌。民居内展品主要反映了一些浙江农村地区的民俗风情，如婚丧嫁娶、衣食起居等方面。其收藏在同等级博物馆中是非常丰富的，但管理和展出方面的短板也同样明显。我们在民俗博物馆只遇见了一位游客，他表示博物馆里几乎没有工作人员，售票处也相隔很远，指示路牌不清晰，来往折腾非常累人。这种非会议和大型活动期间博物馆闭门不开的现象显然是与博物馆长期开放的特性所不符的。

（四）花园陈列馆的现代科技

花园村陈列馆面积不大，设计简洁，投资800多万，采用了日本 LANETCO 系列产品中的部分，是目前浙江金华市设施最先进的馆之一。该馆有机融合投影机融合、集中控制、全息影像、动画制作及互动触摸等最新计算机技术，将领导关怀、发展历程、创业创新、花园文化、村长论坛、名村名印、荣誉憧憬及大型沙盘模型等8个展厅有序、合理地进行了处理，全面展示了花园村30年来快速发展的成就，让广大观众耳目一新。

（五）学校与教育

在走访中我们进入了花园村的初级中学，这是专门为花园村子弟建立的初中，硬件设施相当完备。此外每年花园集团也高薪从浙江省其他地区聘请优秀教师前来授课。花园村农村博物馆的蔡主任告诉我们，花园村的孩子们现在大多都会读到大学再结束学业，村民整体的受教育水平与几十年前花园村刚刚开始起步的时候不可同日而语。

提高教育质量，推动义务教育均衡发展，普及高中阶段教育，逐步分类推进中等职业教育免除学杂费，率先给建档立卡的家庭经济困难学生实施普通高中免除学杂费，实现家庭经济困难学生资助全覆盖。更有丰厚的人才奖励机制，对学生起到了极大的激励作用，为花园村未来的建设发展打下坚实基础。

六、小结——花园文化发展的五个理念

经济新常态下中国经济发展要贯彻创新、协调、绿色、开放、共享这五大理念。新农村建设中的农村经济发展也不例外，也需要牢牢将这五大理念作为发展的重点。纵观花园村的发展历程，不难发现花园村在文化建设方面与五大理念颇为契合。

　　花园村创新性地鼓励万众创新，文化发展多鼓励村民自办，调动村民的积极性。同时，依托人文优势，立足区位优势，倚重产业优势，结合政策优势，最终形成区域发展优势，达成富村利民的结果。花园村坚持协调发展，花园村在发展经济的同时不忘以文化为本，大力进行文化设施建设和推动各式各样文化活动的开展。且注重引导宗教文化与社会主义社会相适应，为社会发展而服务。在产业结构方面，在原始农业的基础上，发展新型制药业、特色红木家具市场等，合理分配产业结构，使花园村走绿色发展之路。花园村勇于打破封闭隔绝的桎梏。开放，积极实行文化"走出去"与"引进来"。坚持用开放的理念来发展花园村，着眼市场需求，利用外脑与周边地理区位优势，这也是花园村取得现如今这些成就的重要因素。坚持发展为了人民、发展依靠人民、发展成果由人民共享，使全体人民在共建共享发展中有更多获得感，朝着共同富裕方向稳步前进。花园村在对村民生活水平的提升上做出了极大的努力。花园村真正为村民提供了从出生到年老的一系列的福利，真正做到造福于人民。花园村在福利制度的建设方面，真正地从村民的角度出发，考虑村民真正需要什么，并且不断提升对村民的教育水平，花园村花大量资金投入，引进专业团队，在村里修建博物馆、图书馆、科技馆，鼓励私人创办艺术馆，多馆蠡立，为村容村貌点缀浓厚馥郁的科学文化气息，多次组织村民参观，培养精神富有的新花园人。

第四节　花园村文化自信：惠及村社经济与民众生活

一、文化在发展中走向体系化、制度化

　　花园村的文化发展从无到有，从有到优，这个过程是发展文化的必然选择，也是文化发展的必然结果。花园村文化在发展中专门成立了文化机构（花园文化中心），并创造各项优厚条件，积极招揽各方面的人才，为各类人才提供了发展的空间和平台，组建起了一批优秀的文化建设团队，如花园报编辑部、花园艺术团等。这些人才为花园村的文化的发展出谋划策，创造了花园

村现如今浓厚的文化氛围。浓厚的文化氛围，使得文化活动由开始的零零散散变得种类丰富多样，频率趋于稳定，文化活动走向体系化、常态化，如花园艺术团团队专业化、演出正规化，成长为浙江省优秀的民营艺术团，每年承办各集团的文艺演出；村民自发组织定期演出的十多支腰鼓、舞龙等表演队。村民形成了有事没事多看演出的习惯认知，精神生活无形中丰富，文化素养逐步提升。

二、借传统文化发展经济，用经济反哺优秀文化

花园村利用红木文化、国家级非物质文化遗产东阳木雕等传统文化与现代红木家具相结合，将工匠精神融入红木家具的制作，在将花园村打造成全国最大的红木家具市场的同时，赋予了红木家具更深的文化内涵，增加了红木家具市场的文化价值和旅游价值。

在经济发展迅猛的同时，不忘反哺人民群众的精神文化需求，建立了丰富的文化基础设施，如农村博物馆、民俗馆，佛教文化园等，满足人民群众的日常文化需求，以期创造面向现代的、面向未来的、人民的、科学的、大众的现代优秀文化。

三、文化建设助推和谐社会

文化发展起来了，居民人口素质提高了，对自己的物质生活需求和精神文化需求会更加明朗化、具体化，对所处社会的要求、对公民权利的使用会更加得心应手，这也就助推社会进一步发展和完善。花园村面对新的局面，为本地村民提供了一系列的福利保障措施，包括创业就业的补助、高水平人才的补助等，鼓励花园村村民开发新的经济、文化的增长点，满足自我需求的同时，也为经济和社会做出自己的贡献，共同创建和谐社会。同时，花园村的文化发展也为全国其他正在建设的新农村提供了范例，用特有的新农村文化推动社会的和谐发展。

四、结语

花园村的文化建设是相当完整、贴近人民生活的。花园村从花园自身特

色出发，紧扣休闲娱乐文化、文化产业、思想文化、科学文化四大板块，筹建丰富的文化的基础设施如中国农村博物馆、中国民俗博物馆、南山寺、花园报、花园艺术团、游乐园等从各个方面满足了人民群众的文化需求，种类齐全，参与率和普及率也较高。

但是，我们必须看到，这些设施建设背后的后续深化问题，无论是建设方对设施的定期维护和更新，还是人民群众的更深层次的参与，以及继续建设如何突出地区文化特色的问题，都是需要花园村的各个部门和群众注意到的，这是花园村亟待解决的问题。

这也为中国其他进行文化建设的新农村提供借鉴和预警。一方面，文化设施的基础建设是必需的，这是开展各类文化活动的基础，提高人民文化素养的基础；另一方面，在基础文化设施完成之后，如何让人民群众使用并参与进文化设施的使用中来，让文化设施增添活力，同样也值得高度重视。人民自发主动地去参加活动，我们当然乐意见到，但在文化发展的初期，更多的是需要政府相关部门的引导参与，相关部门不能低估人民群众的创造力，但是也不能高估其文化素养，做好基础文化设施建设之后的深入活动，也是提高全民文化素养的必要措施。

当然，我们也清楚地知道，事物的发展是有过程的，文化建设尤其是居民总体文化水平的提高，更加是一段长时间的潜移默化的过程。我们期待并且相信，花园村的文化建设，能够从整体建设把握，从人民群众出发，在未来发展得更好！

附 录

附表 5-1 访谈对象基本信息统计表

共计采访28人，访谈资料31份。

访谈对象	年龄	职业	地点
金光强	约35岁	花园文化中心主任，花园影视文化传媒有限公司董事长	花园集团大楼办公室
A先生	约40岁	花园报编辑部总编	编辑部办公室
蔡一平	约30岁	中国农村博物馆主任	农村博物馆
王女士	约20岁	民俗馆某观众	民俗馆外
马主任	约45岁	南山寺佛教文化园主任	南山寺内
刘先生和卢先生	约40岁	花园村艺术团导演和团长	花园大剧院内
B先生	约50岁	红木加工厂老板	吉祥湖畔
C女士	约30岁	红木家具厂店员	某红木店内
D先生	约65岁	花园村普通村民	吉祥湖畔
蔡主任	约30岁	博物馆主任	中国农村博物馆
蔡主任	约30岁		高科技农业园
蔡主任	约30岁		中国农村博物馆
卢先生	60岁以上	横店村民	花园大剧院观众席（花园村春晚表演）
广场舞表演者们	20~50岁	吉祥舞队队员们	花园大剧院后台（花园村春晚表演）
观众甲	30~40岁	花园集团员工	花园大剧院（花园村春晚表演）
观众乙	30岁	旅游公司工作人员	花园大剧院（花园村春晚表演）
观众丙（带小孩）	40岁	隔壁村村民	花园大剧院（花园村春晚表演）
观众丁（男）		花园村居民	花园大剧院（花园村春晚表演）
专业表演者	20岁	艺术团专业成员	花园大剧院
老板A	约40岁	花园村木雕店老板	木雕店

访谈对象	年龄	职业	地点
老板甲	40 岁	红木店	红木店甲
老板乙	30 岁	红木店	红木店乙
红木家具顾客甲	30-40 岁	红木家具顾客甲	红木家具店外
红木家具顾客乙	25-35 岁	红木家具顾客乙	红木家具店外
村民甲	40 岁	花园集团员工	服装一条街
某村干部	40 岁	花园村村委会干部	村委会
杨经理	50 岁	旅游中心工作人员	旅游中心
店员、蔡主任	约 25 岁	胡冠军红木艺术馆工作人员	胡冠军红木艺术馆
司机及众村民	40 岁	花园村公交车司机及乘客	公交车上
队长	约 45 岁	花园村艺术团队长	花园大剧院

附件二：调查问卷范本

花园村文化建设调查问卷

您好！我们是南京师范大学的学生，目前我们正在对浙江省东阳市南马镇花园村文化建设相关方面进行调查实践，本次调查以不记名的方式进行，希望您能将您的宝贵意见提供给我们。非常感谢您的大力支持！

2016 年 7 月

请在所选答案前的方框上划"√"，或将答案填写在相应的横线上。

1. 您是常住在花园村的村民吗？

□ 是　　　　　□ 否

2. 您知道花园村的新农村建设是以文化建设为核心的吗？

□ 知道　　　　□ 不知道

3. 您参加过村里的文娱活动吗？

□ 参加过　　　□ 没参加过

4. 如果参加过，您喜欢这些活动吗？原因是？

□喜欢　　　　　□不喜欢

原因 _____

5. 如果未参加，是什么原因呢？（多选）

□对文娱活动都不感兴趣　□没有听说　□没空

□觉得村里的文娱活动没意思

6. 近两年您参观过民俗博物馆吗？

□没参观过　□参观过一次　□参观过两次以上

□经常去参观，参观了十次以上

7. 您为什么要去民俗博物馆参观呢？

□增长知识　□观光娱乐　□陪同他人　□学业、工作需要

8. 您喜欢民俗博物馆吗？（若未参观过可不填）

□喜欢　　　理由_____

□不喜欢　　理由_____

9. 近两年您参观过农村博物馆吗？

□没参观过　□参观过一次　□参观过两次以上

□经常去参观，参观了十次以上

10. 您为什么要去农村博物馆参观呢？

□增长知识　□观光娱乐　□陪同他人　□学业、工作需要

11. 您喜欢农村博物馆吗？（若未参观过可不填）

□喜欢　　　理由_____

□不喜欢　　理由_____

12. 您阅读过花园村村报吗？

□没有读过　□偶尔阅读　□经常阅读　□每一份都读

13. 您关注了花园村的微信公众号吗？

□关注了　□知道但没关注　□不知道有公众号

14. 您有查看过公众号的推送内容吗？

□没有查看过　□偶尔查看　□经常查看

15. 您浏览过花园村的政府官网吗？

□没有浏览过　□偶尔浏览　□经常浏览

16. 您知道花园村的红木文化吗?

□不知道　□听说过　□很了解

17. 您觉得花园村的文化建设进行得怎么样?

□很好　□不错　□一般　□不好　□很差

18. 您对花园村文化建设有什么展望?

个人信息(只做统计用,绝不会外泄)

您的性别?

□男　□女

您的年龄?

□0~18 岁　□19~35 岁　□36~50 岁　□51~70 岁　□70 岁以上

您的职业?

□学生　□农民　□技术类行业　□教育工作者　□医疗工作者

□家庭主妇/主夫　□服务类行业　□艺术类行业　□其他

您的月收入水平?

□1500 以下　□1500~3000　□3000~5000　□5000~8000　□8000 以上

您的受教育程度?

□初中及以下　□高中　□中专　□大专　□本科　□研究生及以上

您的婚姻状况?

□未婚　□已婚无孩子　□已婚有孩子且都小于18 岁

□已婚有孩子且有的大于18 岁　□其他

您的个人爱好?

附件三：花园村调研实景图片

花园圆盘路标

泰山游乐园

南山寺佛教文化园

胡冠军红木家具艺术馆内部

民俗博物馆

吉祥湖喷泉夜景

荷花园夜景

花园大厦俯视图

花园居民小区俯视图

花园中学

花园会展中心

（本章作者：马延飞、王加点、王钰、刘敏捷、祁煜晗等，南京师范大学2012文物与博物馆学专业本科生。）